U0242927

窑火凝珎

刘耿　董晓晔　主编

工/干窑砖瓦烧制技艺

金身强　著

社会科学文献出版社
SOCIAL SCIENCES ACADEMIC PRESS (CHINA)

序一
让历史“活”起来的干窑

嘉善县干窑镇历史上以窑业闻名于世。干窑烧制的砖、瓦、器始于唐宋，胜于明清，方志称其为千窑之镇。物以民用为主，不若专制贡物的官窑盛名。但正是这种拥有更广泛用户群的商业模式，使干窑获得更持久的生命力。尽管时代在变换，但民间还是那个民间。拥有300余年历史的古窑今日仍然在维系它的工艺、生产，为江南的青山秀水间平添了灯火阑珊。

我们通常所见遗迹，是失去了活态生命力的标本，在现代修缮技术的加持下，它静静地诉说着当年栩栩如生、活灵活现的历史故事，在某种意义上，它已切断与历史的活态生命联系。干窑的可贵之处就在于它仍然是具有生命力的古建筑材料生产的活态遗产。这里既是历史遗迹，也是历史现场，更是为中国传统建筑传承、发展承担生产传统材料的非物质文化遗产大作坊。窑工们说着祖祖辈辈的方言，延续着祖传的技艺，码放着与历史一色的砖瓦，于一砖一瓦中传承一丝不苟、精益求精的工匠精神，一切宛若昨日。

干窑为什么还在生产呢？原因有二：一是，窑包若停止生产则易因保护不到位而发生塌陷，不间断地生产是保住窑包的最好方式。这像不像是古人智慧的程序设定？以此保证后人技不离手，代代相传。二是，现在各地的古建修缮保护需要这种传统砖瓦构件，这是我们保护传统建筑工艺材料真实性的必备条件。通过改变传统工艺生产甚至 3D 打印或许也能做个样子出来，但总是缺少历史的韵味，改变了古建筑材料的历史信息真实性。供应链安全是当前经济领域的一个热门话题，其实，千窑这样的供应链在古建筑保护领域更稀缺，尤其是在全国保护传统古建筑、留住乡愁的时代背景下。

所以，千窑是能够使历史“活”起来的一个重要节点。经由千窑，我们不仅可以看见历史，更能到达历史。

我们很欣喜地看到，今日千窑镇围绕着“活”字做了很多文章，使千窑的历史不仅“活”下来，而且“活”得更出彩。编撰出版这套千窑窑文化系列丛书就是重要的手段之一。该丛书共分 7 册，可以说从眼、耳、鼻、舌、身、意“六识”全方位展示了一个立体的千窑，将千窑的“活”字从各路灌输到人的心田。千窑是什么样，读了就知道了。即使没去过千窑的，也愿意跑一趟看看。

千窑镇的做法至少给我们四点启示。

其一，想办法建立起遗迹的古今连接，使遗迹“活”起来，这是遗迹保护的好方法。我们往往对“保护”有一种误区，认为尽量少动少碰甚至隔绝就是“保护”。殊不知我们保护的不仅仅是遗迹的物质本体，更要保护其蕴含的文脉，文脉得在活体之中传承。有效利用是文物保护重要传承方针的体现。

其二，许多地方宁愿依附或硬套与自己相去甚远的“大”历史，即历史名人、家喻户晓的历史事件而忽略“小”历史，一味求大是当今的一股风气。挖掘身边细小但真实的历史更有价值，通过发现、挖掘、推广使不知名的历史变知名，甚至成为一门“显学”，这像原发科技一样重要。

其三，保护手段要创新，要多样化。干窑的动态和静态保护展示要合理安排，既要注重“硬件”，也要注重研究、出版、传播等“软件”，正如窑包不烧加上保护不到位就会倒塌一样，硬件系统也需要“气”的支撑，“气”指的是看不见的软件。

其四，干窑的生产要处理好与环境保护的关系，要有新思路、新方法、新技术，在不改变传统工艺和基本形制的前提下，让干窑镇成为传承生产古建筑材料的非遗亮点。

干窑镇的窑文化遗迹保护与开发，为我们树立了一个非著名遗迹保护与开发的范式，它从遗迹本身特点出发，抓住“活”字这个关键的着力点，运用多样化的保护、开发、传播手段，产生了非常好的社会效益和经济效益。

付清远
中国文化遗产研究院原总工程师
中国文物保护基金会罗哲文基金管理委员会主任

序二
历史“长尾”上的干窑

（一）

历史遗迹的发掘和运营，是一门注意力经济。人们更关注著名人物、著名事件的遗存，如果遗存本身自带精品属性或恢宏叙事的气质，就更好了。人们只关注重要的人或重要的事，如果用正态分布曲线来描绘，人们只能关注曲线的“头部”，而忽略了处于曲线“尾部”、需要花费更多的精力和成本才能注意到的大多数人或事。浙江省嘉善县干窑镇的窑文化遗迹就处于这样的曲线“长尾”，具有以下特点。

一是“小”。干窑镇位于长江三角洲环太湖区域，这一区域土质细腻、黏合力强，适宜砖瓦烧制。从史前文化的烧结砖、秦砖汉瓦、明清时期专业的窑业市镇，到近代开埠后在大上海建设中的大放异彩，干窑砖瓦窑业正是环太湖区域窑业历史文化的典型代表。在长三角的窑业史上，干窑镇与陆慕镇、天凝镇等共同组成了一串璀璨的珍珠链。

二是“低”。对瓦当的研究与收藏，早在金石学较为发达的北宋时代就开始了，此后的南宋及元明都有记载，清代乾嘉学派将瓦当的研究推向高峰。当时，文人士大夫间收藏与研究瓦当甚为流行，从清末到民国，在一代又一代的瓦当研究与爱好者的努力下，瓦当走进了寻常百姓家，成为大众喜爱的装饰品和收藏品。但与精品文物相比，傻、大、粗、黑的建筑构件的收藏价值一直较低。“低”也意味着升值空间大，关键是挖掘出窑文化的价值并加以发扬光大。

三是“活”。有着300多年历史的沈家“和合窑”，是一座承载着旧时代烧窑技艺辉煌的“活遗迹”，为中国各地的文物修复、仿古遗迹等烧制砖瓦。生活在当下的掌握着古老技艺的窑工们，也有一种富有生命力的历史感。也要感谢计算机记录和存储功能这么强大的今天，每一个人都可以在历史上留下一笔。以往历史只讲述“人类群星闪耀时”，只有极个别的人物或极幸运的人物能够被载入史册。这批窑工的前辈们，偶尔也会将自己的姓名刻制在某块砖上，这是产品责任制的一种表现，但也只是留下一个名字而已，再无其他史籍参照与其产生更多的关联。为此，我们希望能细描这一段历史的“长尾”。

（二）

千窑窑业历史悠久，辖内发现唐代瓦当后，千窑窑业被初步判定起始于唐代。又据在千窑长生村宋代大圣寺遗址出土的“景定元年”铭文砖，最迟于宋代千窑就已开始烧制砖。

明代苏州秦氏迁入干家窑，并将京砖烧制技艺传入江泾，吕氏、陆氏开始生产“明富京砖”。从干窑出土的明代嘉善城砖以及清顺治年间干家窑产砖运往杭州建造满城（在杭州）可见，明末清初干窑烧砖技艺已趋成熟。清代中期，干窑已成为嘉善县的窑业中心，被称为“千窑之镇”，县志记载:“宋前造窑，南出张汇，北出千窑”。位于干窑镇的古砖瓦窑沈家窑，以烧制“敲之有声，断之无孔”的京砖闻名。传说乾隆皇帝下江南时，误将“千窑”念“干窑”，“干窑”由此得名。至今仍在烧窑的沈家窑、和合窑已成为省级文物保护单位。

干窑也是江南窑文化的发源地和传承地。干窑的砖窑文化不仅包括窑业特有的生产技艺，如砖窑建筑技艺、瓦当生产技艺、京砖生产技艺等，还包括瓦当砖雕文化、窑乡民间故事传说、窑工生活习俗等。干窑的“窑文化”是文化百花园中的一朵奇葩，形成了江南水乡独具特色的砖瓦窑业文化。干窑文化不止于窑墩林立、砖瓦世界，而是多姿多彩、鲜活生动，每年农历正月有“马灯舞”表演，走亲访友常提杭、嘉、湖地区特有的工艺食品“人物云片糕”，还有与景德镇瓷器、北京景泰蓝并列为“中华三宝”的干窑脱胎漆器，以天然大漆和夏布为材料，经裹布、上漆、上灰、打磨、髹饰、推光等数百道工序纯手工制作，一件小型成品就得历经一年半载。

窑文化实质上是干窑镇、嘉善县乃至嘉兴市最有特色的民间文化之一，既是十分珍贵的物质文化遗产，又是特色鲜明的非物质文化遗产，干窑镇党委、政府正在进一步挖掘窑

文化，做好窑文化文章，为长三角一体化提供深厚的历史底蕴和宝贵的文化财富，着力建设窑文化展陈馆、窑文化非遗体验点、修复废弃窑墩遗址，打造“窑文化”旅游品牌，推动窑文化的保护与传承。

编撰以窑文化为主题的书籍也是挖掘和保护窑文化的重要手段。干窑窑文化系列《窑火凝珍》正是在这样的大背景下，以“窑文化”学术研究、传承传播为主旨，邀请老窑工、民间爱好瓦当收集名家、高校学者和文化部门的有关专家学者等，回忆、讲述、挖掘、整理有关窑文化的历史、故事，并通过文字、摄影、摄像记录下有关京砖、瓦当的传统生产技艺，以图文并茂的方式全方位展示窑文化。

（三）

干窑窑文化系列共分七册，各册简介如下。

册一・影:《镜头里的干窑》是关于干窑窑文化的影像志。本书选取由著名摄影师拍摄的干窑照片（历史照片＋定制拍摄），勾勒干窑影像自身嬗变和行进的历史，也试图从感性的角度回溯干窑人与窑文化之间的深刻情缘。影像记录对象包括窑墩建筑、小镇景点 / 古迹、窑工、镇民生活、非遗展示、生产现场、活动场景等。

册二・史:《嘉善砖瓦窑业历史文化的传承》是关于干窑窑业与窑文化的简史。按照年代时序，内容上强调每个时间段干窑砖瓦对外影响和时代地位。时间断限由上古至今日。

册三・工:《干窑砖瓦烧制技艺》主要反映古代、近现代干窑砖瓦烧制的过程，以列入浙江省非物质文化遗产名录的“嘉善京砖”生产技艺及列入市级非物质文化遗产代表名录的“干窑瓦当”生产技艺为重点。干窑窑业制品品种丰富，以砖瓦烧制驰名。对民国后机制平瓦诞生及生产技艺等进行介绍。

册四·物:《干窑窑业精品鉴赏》注重对窑业制品的重要社会功能及其艺术价值进行挖掘，尤其对古代干窑生产的铭文砖文化、瓦当文化进行解读，凸显干窑窑业精品独特的艺术地位。干窑窑业实物分为窑业精品及窑业相关文物两部分。窑业精品反映了古代干窑工匠精神，以工艺精湛、寓意吉祥为主，根据用途，可分为建筑材料和生活用品两大类。干窑窑业相关文物包含在干窑窑业发展过程中保存下来的实物，见证了干窑窑业的兴衰史，通过对相关文物的赏析，以物证史，传承历史，照亮未来。

册五·俗:《瓦当下的俗日子》是干窑窑文化的民俗辑录。窑文化中“俗”的部分，分为砖窑、砖瓦及窑工习俗三个部分。其中窑工习俗围绕衣、食、游、艺及拜师、婚丧、信仰、祭祀等展开。抓住习俗中最具吸引力的部分，在讲述人物或故事的同时，融合民俗资料，古今结合，探寻习俗传承与演化。窑乡的民俗充满了“实用”与“智慧”，那些“规矩很大”的事情，令青年一代感到新鲜的同时心中敬畏油然而生。希望能够用轻松、诙谐又饱含敬意的态度去展现瓦当下的俗日子。

册六·声:《时光碎语：流淌于干窑之间的传说与故事》是关于干窑民间故事传说的民间文学集，可称为窑乡“风雅

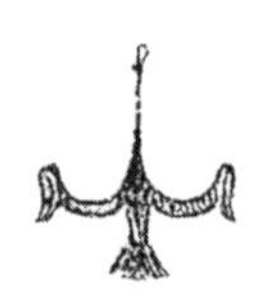

颂”。窑工是民间传说和故事的天然创作主体、再次创作主体和听众，窑场也为其提供了传播情境。本册辑录了干窑的传统民间故事及新时代创作的作品。

册七·人间:《千窑掬匠心：窑工实录》是关于干窑生活的“纪录片”。现代窑工生活实录、老人对窑乡的记忆、乡土变迁故事等。通过挖掘记录民间的文化记忆，探讨现代乡村（窑乡）的精神底座与物质文明的冲突与互适。希望通过对窑乡相关人物的访谈，寻访到可以留存和传承的文化记忆，记录现代乡村的“人世间”，包括寻访烟火人生·人情故事、寻访火热生活·创业故事、寻访文化遗迹·手艺传承、寻访乡土变迁·乡贤归巢等等。

这七册基本上反映了干窑窑文化从物质到精神的方方面面。

前　言

干窑，位于长三角核心区域嘉善县中部，辖内水网密布，物产丰富，是典型的江南鱼米之乡。早在良渚文化时期，干窑周边大往圩等地区就有人类活动的痕迹，该处发掘的红烧土、原始陶器，即印证了后来干窑砖瓦业之滥觞。2020 年，西塘镇东汇前村遗址发现烧结砖，证明早在马桥文化时期，嘉善已有砖的烧制，影响着后世干窑区域砖瓦烧制技艺的形成。

干窑人勤劳聪慧，农耕之余，利用当地土质细腻且黏合力强及水资源丰富等优势，摸索出区别于北方中原地区以黄土为主要原料的砖瓦烧制技艺，变泥为宝。明代洪武年间，当苏州陆墓成为御窑，不计工本，烧制专供皇城建筑之用的金砖时，干窑窑工在掌握金砖烧制技艺后，扩大传统小土窑的体积，改进烧制技术，生产出了“明富”京砖、花砖、海墁、滴水瓦、花边瓦等几十种花式砖瓦，嘉善、青浦、海宁、昆山等地城墙砖也由干窑烧制，产品较陆墓更为丰富，也使得干窑发展成为著名的窑乡。

清末民初，上海、南京、杭州等周边城市的发展，给干窑砖瓦业带来前所未有的发展机遇。通过潘啸湖等人的努力，民国七年（1918），国产第一张机制平瓦在干窑陶新砖瓦厂仿制成功。[1]嗣后，泰山砖瓦股份有限公司落户干窑，所产砖瓦销往上海、南京和杭州等地，成为中国早期民族工业的一颗明星，为上海的城市开发建设作出了积极贡献，也带动干窑砖瓦业繁荣。1936~1937年，干窑、范泾（今属干窑镇）两地共有221座窑墩。其中干窑有机制平瓦厂42家，职工994人，动烧窑墩数以百计。至1948年，干窑各窑厂大都采用机器制坯。[2]

新中国成立后，干窑窑业走上集体、国营之路。到1957年，动烧窑墩170座。各类土窑逐渐被轮窑、隧道窑代替。砖瓦烧制技艺，也紧跟时代步伐不断推陈出新，为百废待兴的新中国建设作出重大贡献。1988年，干窑有隧道窑2座，轮窑1座，串窑3座，土窑14只，窑工1163人。[3]

20世纪末，现代工艺窑因泥源和建筑材料革新而停产，散落在河边的土窑，成为传统窑业最后的守望者。在全社会关注和保护文化遗产的背景下，嘉善窑业的价值由生产价值转为文化价值，干窑镇“和合窑”被列入浙江省文物保护单位，干窑镇与天凝镇联合申报的“嘉善京砖烧制技艺”项目

---

1 《干窑镇志》编纂委员会编《干窑镇志》，中华书局，2015，第750页。

2 《干窑镇志》编纂委员会编《干窑镇志》，中华书局，2015，第750页。

3 陆勤方:《官塘之上：嘉善历史文化的梳理与解读》，上海文艺出版社，2019，第144页。

也于2009年被列入浙江省第三批非物质文化遗产代表性项目名录。干窑镇沈步云与天凝镇许金海成为该项目代表性传承人。[1]它不仅承载着嘉善历史上窑业的辉煌记忆，也为现代社会保留了一朵传统砖瓦烧制技艺的非物质文化遗产之花。保存和弘扬干窑砖瓦烧制技艺，是历史交给我们的责任。

1 嘉善县文化广电新闻出版局编《嘉善县文化志》，浙江文艺出版社，2017，第373页。

目录

CONTENTS

干窑砖瓦窑业史溯源 / 001

干窑地名考 / 003

干窑砖瓦窑业溯源 / 011

干窑砖瓦烧制技艺 / 025

干窑砖瓦窑盘制技艺 / 029

干窑砖瓦坯制作技艺 / 051

装窑、烧窑、出窑 / 061

干窑京砖烧制技艺 / 069

干窑瓦当烧制技艺 / 086

干窑砖雕制作技艺 / 096

干窑机制平瓦烧制技艺 / 107

国产第一张机制平瓦诞生 / 109

干窑机制平瓦厂相继创办 / 113

干窑机制平瓦烧制技艺 / 126

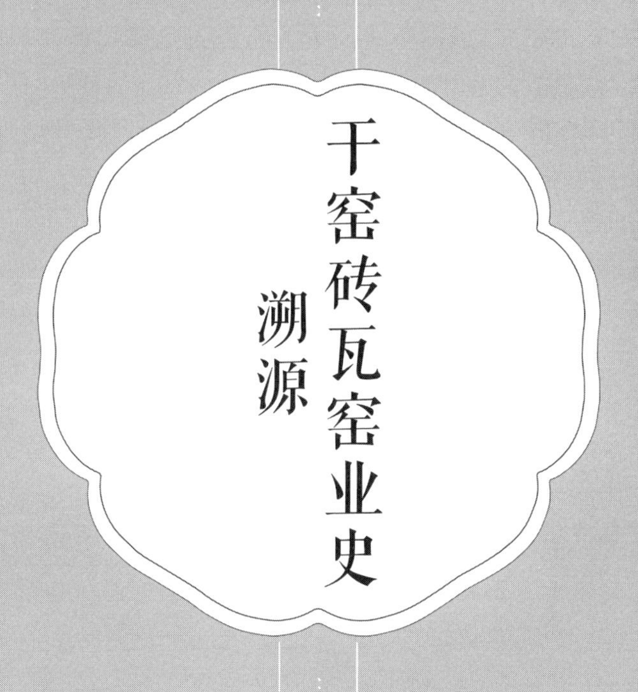

千窑砖瓦窑业史

溯源

干窑砖瓦窑业史，反映了干窑一地砖瓦窑业从无到有，发展、兴盛并退出历史舞台的过程。研究干窑砖瓦烧制技艺，首先要对干窑窑业史有初步的了解，本书尝试厘清干窑砖瓦窑业史中一些悬而未决的问题，比如干窑地名由来、干窑砖瓦窑业溯源等问题。溯本清源，对于理解干窑砖瓦烧制行业形成、技艺产生背景有所帮助。

干窑地名考

干窑镇，俗名“窑上”，位于嘉善县中部。明清时期《嘉善县志》中，干窑地名有“千家窑”“干家窑”“干窑”等多个版本。在明确“干窑镇”镇名前，“干窑”一直是“干家窑”的简称。而“千”“干”形似，其含义则差之千里，故而有必要对此做一番考证，力求还历史以本来面目。

关于“千家窑”，最早见于明正德《嘉善县志》卷一“乡都篇”，“在永七都曰千家窑、曰冯洞里、曰曹巷村”。[1]今干窑镇域，明清时期属永七都，此时，千家窑只是一个村落。到了万历《嘉善县志》卷一“舆地志·市镇”条下，朝廷将原来永七区千家窑村及周边区域，升级为干家窑镇，并设常平仓。明万历《嘉善县志》卷五“物产·砖瓦”有“出张泾汇者曰东窑，出干家窑者曰北窑……”的记载。[2]关于由村升级为镇的原因，从明正德至万历数十年间，千

1 倪玑纂修：明正德十二年（1517）《嘉善县志》卷一“乡都篇”。

2 章士雅纂修：明万历二十四年（1596）《嘉善县志》卷五“物产·砖瓦”。

家窑村因窑业发展等因素，在此区域形成一定规模的集市，朝廷因此设镇。至于“千家窑镇”名称的来历，会在后文中阐明。

村曰唐墓村曰西翁村曰吳家帶曰陸家村在遷南區曰
袁家村曰南錢村曰打鳥扇在遷中區曰蘆青頭曰董家
村在遷北區曰章巷村曰沈巷村曰北莊曰鄔家村曰西
許村曰趙巷村曰錢家村曰錢家田曰岳鄔里昔有岳鄔二姓居此
故名舊志訛為鶴湖實無湖也曰北張村曰張奇村曰吳家梁在麟五都
曰三店曰南陸村曰東朱村曰陳莊曰金家村在麟七都
曰史莊曰東莊曰夏家村曰胡巷村安國子孫居此故名曰顧巷村
曰糜家村在永七都曰千家窑曰馮洞里曰曹巷村在永
八南區曰糞箕兜曰東堰斗曰王家村曰石人頭曰黃巷

图1　明正德《嘉善县志》卷一“乡都篇”关于“永七都千家窑”记载（金身强提供）。
本册影印件均由金身强提供。

既然明正德、万历两部《嘉善县志》中，已经对“千家窑村”“干家窑镇”做了建置定论，为什么入清以后，还存在“千家窑镇”“干家窑镇”两种不同的名称呢？

清康熙杨廉编修《嘉善县志》卷二“区域志·乡镇”有“干家窑镇在县永七区，距城一十二里，民多业陶，廛居联络，甓埴繁兴，三吴贸迁勿绝。明万历间，邑侯章士雅设常平仓于此，与风泾、斜塘相埒，货殖殷盛，竞黠智”[1]的描述，这里沿用的是明万历《嘉善县志》的记载，作“干家窑镇”。而清嘉庆《嘉善县志》卷二“区域志·乡镇”里也有关于干家窑镇的记载：“千家窑镇［章志］在县治西北一十二里永安乡，民多业陶，廛居联络。旧不为镇，兹者甓埴繁兴，贸迁日夥。［杨志］明神宗时，知县章士雅设常平仓于此，与风泾、斜塘相埒，货殖殷盛，竞黠智。”[2]与清康熙《嘉善县志》不同，“干家窑镇”写成“千家窑镇”。那么究竟哪个名称才是正确的呢？让我们回到前文关于“干家窑镇”名称由来的问题。

关于“干家窑镇”名称由来，干窑民间，至今尚有与晋代《搜神记》作者干宝有关的传说。民间传说不一定能作为史料考证中的依据，但如果有相关文献佐证就另当别论了。

首先，干家窑真的与干宝有关吗？据海盐《武原干氏宗支始末考》载，晋代干宝后人“至三十一世秀一之孙寰均为

1 杨廉编修：清康熙十六年（1677）《嘉善县志》卷二“区域志·乡镇”。

2 万相宾纂修：清嘉庆五年（1800）《嘉善县志》卷二“区域志·乡镇”。

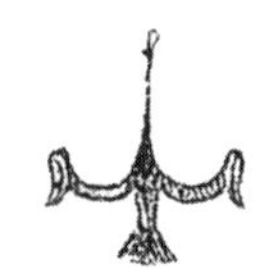

图2　清康熙《干氏宗谱》抄本干宝像。

明太祖御营掌马监……居北京；秀二在梅园……；秀三一支在半逻，又有在嘉兴今之北干桥一带及干沈村与干窑村是也……”[1] 值得注意的是，这里提到的是“干窑村”而不是正德《嘉善县志》“千家窑村”。另外，续修于清康熙三十六年（1697）的《续修干氏宗谱》，也记载干宝后人“至三十一世”，在海盐半路（半逻）的一支，曾迁居在今干窑一带。[2]

关于干宝后人居住在干家窑的情况，笔者未见到学界有

1　海盐《武原干氏宗支始末考》。

2　干钦昊：清康熙三十六年（1697）《续修干氏宗谱》。

干氏具体人物记载的论述。今翻阅清雍正《嘉善县志》卷十"艺文志·诗"，有钱源《访布政干公墓》诗："奇勋亮节炳寰中，七尺丰碑马鬣崇。底事到今零落甚，空教苦雨泣西风。"后有钱源注："公名璠，正统壬戌进士，由给谏出守襄阳，建学辑兵，才识英伟。历官陕西大方伯，宦业详新旧府志。墓在清风泾，其干窑镇乃故里也。"[1] 这里提到的干璠，明正统间枫泾人，干家窑是其故里。这是关于干家窑干氏重要的线索，也证明干家窑确有干氏居住。

还有一个问题，历史上干家窑干氏是否和窑业有关？明末清初一代大儒朱彝尊撰《经义考》有如下文字："……令升（金注：干宝）新蔡人，徙吴郡海盐……干裔有居海盐，有居嘉善。以抟埴为业，干窑镇由是得名。"[2] 朱氏提到干宝后人居干窑这一史实中，最重要的信息是"以抟埴为业，干窑镇由是得名。""抟埴"即指制陶，此处指制砖瓦。这里明白无误地告诉我们，因居嘉善干窑区域的干宝后人"以抟埴为业"，所以此处才命名为"干窑"。干窑即"干家窑"的简称。

综上所述，"千家窑"这一名称出现，始于明正德《嘉善县志》。以后志书沿用其说，导致"千家窑""干家窑"互见于史书这一现象。而综观明代史料，正德年间，今干窑区域窑业并未形成大的规模，更遑论有上千只窑墩。因而"千

1 戈鸣岐纂修：清雍正十二年（1734）《嘉善县志》卷十"艺文志·诗"，钱源《访布政干公墓》诗。

2 清乾隆《钦定四库全书》朱彝尊《经义考》，第 18 页。

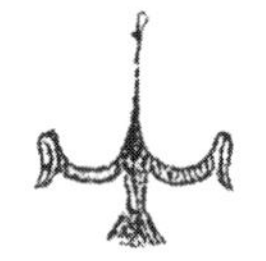

嘉善縣志 卷十二

象緯編來啓一螺空餘墓址記城阿菖蒲涇左瀟瀟雨滴
破荒榛帶淚多 懷袁隱士祖孫墓址
穹碑林立九逵中緯楔曾傳都憲雄却憶當年丹閘畔蕭
騷愛聽竹梳風 訪吳隱士竹所

文津橋　　　　浦桐雲集凰
珂里文風萃蒲灣水勢分平橋榆一帶映日更參雲

訪布政干公墓 公名瓚正統壬戌進士由給諫出守襄陽建學輯兵才識英偉歷官陝西大方伯宦業詳新舊府志墓在清風涇其干窑鎮乃故里也　錢　源眉允
奇勳亮節炳寰中七尺豐碑馬鬣崇底事到今零落甚空
教苦雨泣西風

图3　清雍正《嘉善县志》钱源《访布政干公墓》书影。

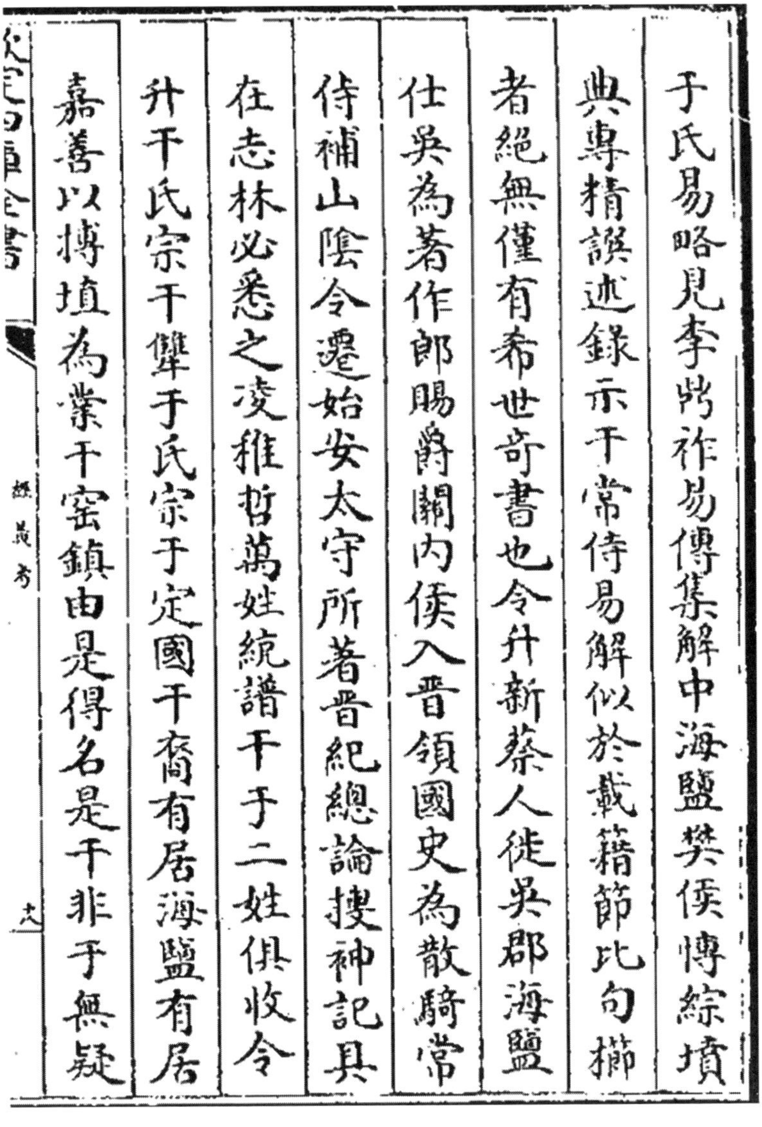

于氏易略見李鼎祚易傳集解中海鹽樊侯傳綜墳
典專精譔述錄示干常侍易解似於載籍節比句櫛
者絕無僅有希世奇書也今升新蔡人徙吳郡海鹽
仕吳為著作郎賜爵關內侯入晉領國史為散騎常
侍補山陰令遷始安太守所著晉紀總論搜神記具
在志林必悉之凌稚哲萬姓統譜干于二姓俱收今
升干氏宗干犨于氏宗于定國干裔有居海鹽有居
嘉善以塼埴為業干窑鎮由是得名是干非于無疑

欽定四庫全書　經義考

图4《钦定四库全书》朱彝尊《经义考》书影。

家窑”这一地名，缺乏起码的说服力。最有可能是编撰正德《嘉善县志》时，将“干家窑”误录为“千家窑”，这一笔误导致历史上对今干窑区域名称的误解。

笔者认为，更接近历史真相的是，在今干窑区域，明代初期干宝后人居住于此，后以烧制砖瓦为业，成为当地望族。明正德以前，将此处命名为“干家窑村”。之后，以干氏为主导的砖瓦窑业兴起，带动该区域社会各行业的发展，渐成集市。因此明万历年间，朝廷升干家窑村为镇，为表彰干氏对当地社会发展的贡献，沿用村名，将镇命名为“干家窑镇”。

干窑砖瓦窑业溯源

干窑砖瓦窑业，指干窑烧制砖瓦的行业。干窑砖瓦窑业的历史，可谓悠久，且与嘉善窑业的发展息息相关。

嘉善砖瓦窑业，最早见于文献明嘉靖二十八年（1549）《嘉兴府图记》：记录嘉善有“黑窑坯匠一十六户、黑窑匠九十六户”[1]，“黑窑”指烧制砖瓦的窑墩。这批砖瓦匠户总数超过铁木石匠的总和，可见其规模，制坯与烧窑已有专业分工。

在嘉善地方志中，最早记录嘉善砖瓦窑业的，是明万历《嘉善县志》中三处记载。其一，由于明万历《嘉善县志》卷一“舆地志”缺失，现只能从清嘉庆《嘉善县志》卷二“区域志·乡镇”摘录明万历《嘉善县志》卷一“市镇”条：“千家窑镇［章志］在县治西北一十二里永安乡，民多业陶，廛居联络。旧不为镇，兹者甓埴繁兴，贸迁日夥。”[2]“千家窑镇”

1 赵文华撰：明嘉靖二十八年（1549）《嘉兴府图记》。

2 章士雅纂修：明万历二十四年（1596）《嘉善县志》卷一“市镇”条。

者可為衣粗者可為蚊帳 蒲鞋出西門外乃至麤者止可供野人之用耳 綿紗窮民無本不能成布日賣紗數兩以給食故諺有買不書松江布收不盡魏塘紗之語 磚瓦出張涇滙者曰東窑

嘉善縣志〈卷五　四十六

出干家窑者曰北窑東窑土高窑大火足故堅完可用北窑地卑取土他所又窑小悶熟者故脆而易壞 漆器出斜塘鎮舊良今漸惡矣

图 5　明万历《嘉善县志》卷五“物产·砖瓦”条关于干家窑的记载书影。

是“干家窑镇”的笔误，干家窑镇即今之干窑镇区域。其二，万历《嘉善县志》卷四“食货志·轮班”条，有“永七区八十六，琉璃匠十；窑匠四十七；瓦匠三”的记载。“永七区”即今干窑区域。轮班，明代对工匠户籍的管理分为三种：住坐（留在京城服役，时间一般为四年）、轮班（没有轮到服役的即回乡）、存留（居于地方）。由此可见，明万历年间，干窑区域窑匠数量居各区之首。其三，万历《嘉善县志》卷五“物产·砖瓦”条：“砖瓦，出张泾汇者曰东窑，出干家窑者曰北窑。东窑土高，窑大火足，故坚完可用；北窑地卑，取土他所，又窑小焖熟者，故脆而易坏。”[1]

这既是嘉善地方志对嘉善窑业的最早记录，也是干窑砖瓦窑业首次出现在文献中。

但明嘉靖《嘉兴府图记》与明万历《嘉善县志》均未提及嘉善砖瓦窑业起于何时，即发端于何时，可能是缺乏相关证据的缘故吧。

关于嘉善砖瓦窑业的发端，目前被引用最多的是民国时期嘉善学者、考古学家张凤于民国25年（1936）撰写的《张泾汇宋末义民李太均葛道抗元营垒遗址调查》一文，张氏写道：“吾邑窑市，在未建邑前，以余藏‘秀州华亭县’一砖为断，当始于宋时，或尚在宋前，窑村成市在张汇，而不在今之干窑洪家滩等处也。”[2]1995年《嘉善县志》第36编“专

1　章士雅纂修：明万历二十四年（1596）《嘉善县志》卷五“物产·砖瓦”条。

2　张凤：《张泾汇宋末义民李太均葛道抗元营垒遗址调查》，《乡心》创刊号，1936，第2页。

張涇匯宋末義民李太均葛道抗元營壘遺址調查

（附青山鼠地初探）

張鳳

時　日：二十五年四月二日。

調查者：張鳳，蔣大沂，張啓鵬。

地　址：[illegible]

目　的：[illegible]

結　果：[illegible]

——調查經過情形——

是日晴，九時放舟出城，偕蔣兄鶴弟，坐尺八舟中，病寒未愈，披氈帽，戴眼鏡，春寒料峭中，許華亭塘面東，過轉東港西口，[illegible]，指示蔣君以光緒十五年時約士附近五鋸設山地點，過羅星[illegible]，出青龍江，循背塘橫七八，指點而過，望見張匯大橋，（普濟橋），見五老太廟，（五聖廟），臨水迎船昂向西北面建，時兩岸荒涼，沉積河灘，激[illegible]日久，蔣君謂此地昔皆[illegible]住宅區域乎？余曰：非也，窯市遺跡也。

吾邑窯市，在未建邑前，以余藏「秀州華亭縣」一磚爲斷，當始於宋時，或尚在宋前，窯村處市在張匯，而不在今之干[illegible]家衖等處也，故張匯附近，窯業興盛，過紅廟，蔣君先在塘南上岸，調查窯址，余與鶴弟出大橋，轉楓涇塘，上謁[illegible]公墓。

[illegible]墳畢，下午一時許，至鎮上小茶肆，邀項二先生，訪問一是，知洪楊時仍於舊營處有防禦工作，所遺大砲猶存施王廟中，云[illegible]項氏支譜一冊，少頃，過大橋，到施王廟「[illegible]大砲，鐫字有「道光廿一年六月第九號[illegible]浙江省局鑄及重八百斤」等字。

走塘北邊第一小橋，即宋葛營壘，（圖附）。查志書「營壘」條下，引子志「在張涇匯左，[illegible]

平面圖

图 6　1936 年《乡心》创刊号刊登张凤《张泾汇宋末义民李太均葛道抗元营垒遗址调查》书影。

记·嘉善砖瓦”沿袭此说“邑人张凤曾对张泾汇窑址作过考证，认为嘉善窑市‘当始于宋时，或在宋前，窑村成市在张汇’”[1]。2009年金天麟《窑乡的文化记忆》也引用张氏此段文字，并得出“这就说明嘉善县砖窑业始于宋，或在宋前”的结论。[2]

这是张凤以现代考古学方法根据出土文物年代来推断嘉善窑业史发端。可惜在《张泾汇宋末义民李太均葛道抗元营垒遗址调查》一文中，张氏未提到“秀州华亭县”砖出土时间、地点等非常重要的信息。不久前，笔者有幸见到张凤发表于民国26年（1937）1月《乡心》第3期的《宋秀州华亭砖记》一文，进而对该砖的出土地点等情况有了了解。张氏在文中写道：“砖出绍兴府学，本县吴调卿姻丈署训导时，同学教谕钱塘翁焘得此，以赠吴丈。”“吴调卿”即吴仁均，嘉善人，光绪十三年（1887）恩贡，曾任山阴训导。[3]此砖铭文为“□州华亭县官吴”，张氏对此砖有如下考证：“又此砖不一定为嘉善产物……此砖盖亦一墓砖，姓吴者盖曾为秀州华亭县官，故死后造砖作墓，而以生前官衔署于其上。按之其他有姓氏之墓砖，实同一例。姓吴之官，既非本县人，则其造砖作墓，不必一定在任时定造，而远载过江应用

1 嘉善县志编纂委员会编《嘉善县志》，上海三联书店，1995，第1159页。

2 金天麟：《窑乡的文化记忆》，上海文艺出版社，2009，第14页。

3 江峰青纂修：清光绪二十年（1894）《嘉善县志》卷十六“选举志上·科贡表”。

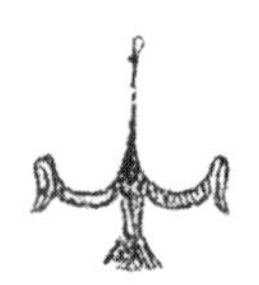

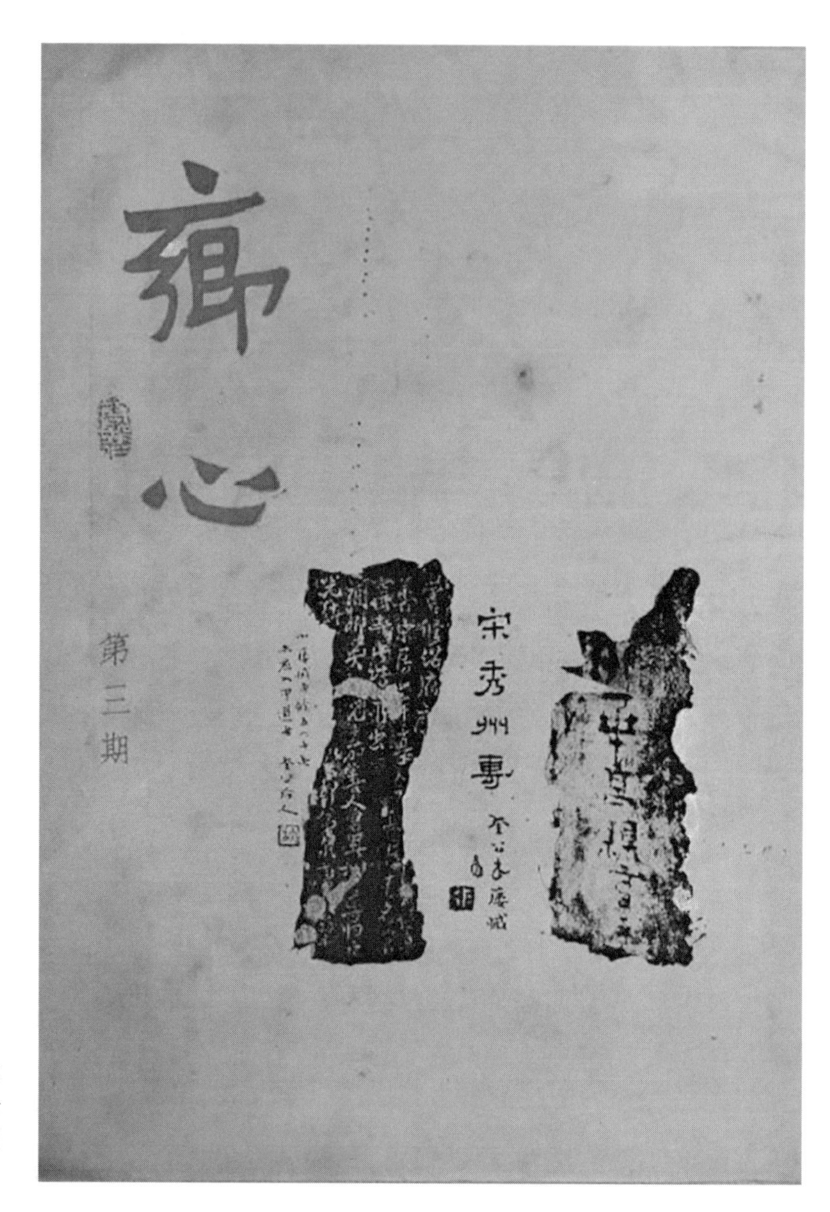

图 7　1937 年第 3 期《乡心》封面刊登《宋秀州华亭砖》书影。

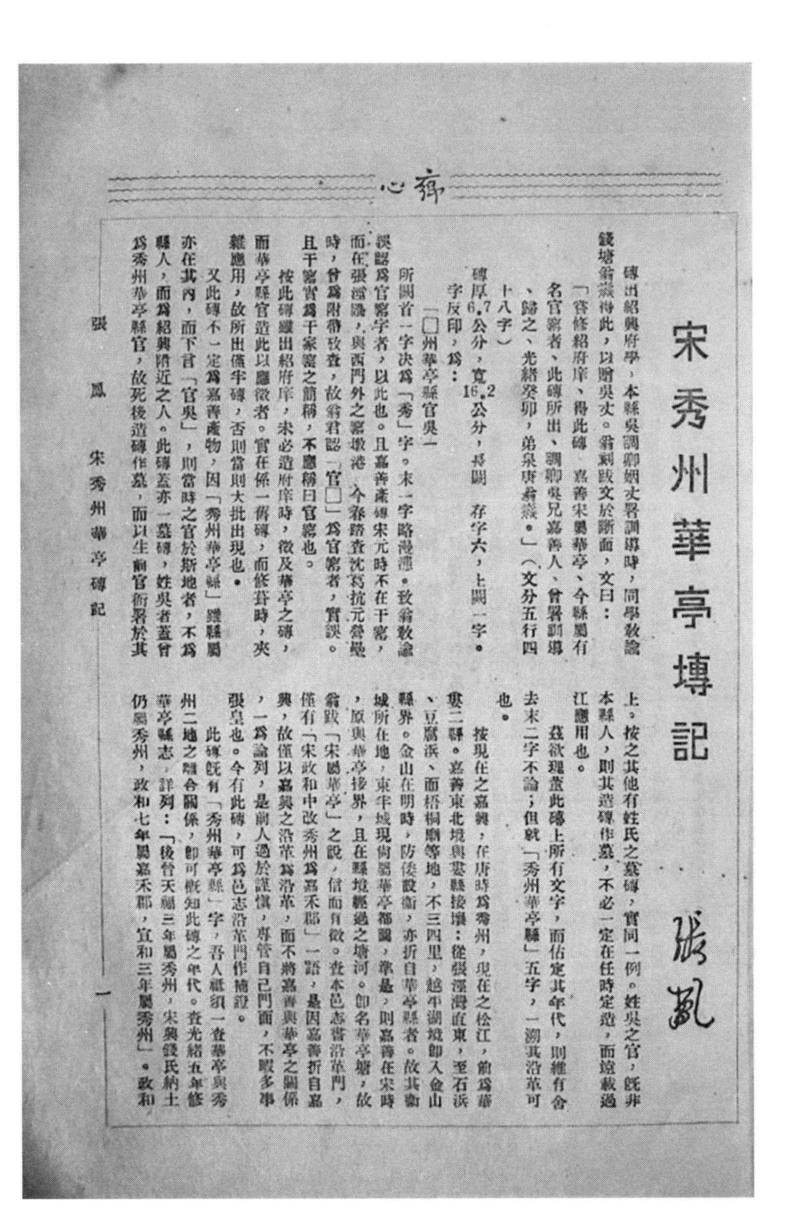

鄉心

宋秀州華亭塼記

張鳳

磚出紹興府學，本縣吳調卿姻丈署訓導時，同學敎諭錢塘翁蕊得此，以贈吳丈。翁刻跋文於斷面，文曰：「咨修紹府庠，得此磚，嘉善宋屬華亭，今縣屬有名官密者，此磚所出，調卿吳兄嘉善人，曾署訓導、歸之，光緒癸卯，弟泉唐翁蕊。」（文分五行四十八字）

磚厚6.7公分，寬16.2公分，長闕 存字六，上闕一字。字反印，爲：

「□州華亭縣官吳」

所闕首一字決爲「秀」字。末一字略漫漶。致翁敎諭誤認爲官密字者，以此也。且嘉善產磚宋元時不在干窰，而在張涇匯，與西門外之窰墩港，今寨路査沈駕抗元營壘時，曾爲附帶致査，故翁君認「官□」爲官密者，實誤。且干窰實爲干家窰之簡稱，不應稱曰官窰也。

按此磚雖出紹府庠，未必造府庠時，徵及華亭之磚，而華亭縣官造此以應徵者。實在係一舊磚，而修葺時，夾雜應用，故所出僅半磚，否則當則大批出現也。

又此磚不一定爲嘉善產物，因「秀州華亭縣」雖縣屬亦在其內，而下言「官吳」，則當時之官於斯地者，不爲縣人，而爲紹興附近之人。此磚蓋亦一墓磚，姓吳者蓋曾爲秀州華亭縣官，故死後造磚作墓，而以生前官銜署於其上。按之其他有姓氏之墓磚，實同一例。姓吳之官，既非本縣人，則其造磚作墓，不必一定在任時定造，而遠載過江應用也。

茲欲現查此磚上所有文字，而估定其年代，則惟有舍去末二字不論；但就「秀州華亭縣」五字，一溯其沿革可也。

按現在之嘉興，在唐時爲秀州，現在之松江，前爲華婁二縣。嘉善東北境與婁縣接壤：從張涇滙直東，至石浜、豆腐浜、而梧桐廟等地，不三四里，越平湖境即入金山縣界。金山在明時，防倭設衛，亦折自華亭縣者。故其衛城所在地，東半城現尚屬華亭舊圖，準是，則嘉善在宋時，原與華亭接界，且在縣境經過之塘河。卽名華亭塘，故翁跋「宋屬華亭」之說，信而有徵。查本邑志書沿革門，僅有「宋政和中改秀州爲嘉禾郡」一語，是因嘉善折自嘉興，故僅以嘉興之沿革爲沿革，而不將嘉善與華亭之關係，一爲論列，是前人過於謹慎，專管自己門面，不暇多事張皇也。今有此磚，可爲邑志沿革門作補證。

此磚既有「秀州華亭縣」字，吾人祇須一查華亭與秀州二地之離合關係，卽可概知此磚之年代。查光緒五年修華亭縣志，詳列：「後晉天福三年屬秀州，宋與錢氏納土仍屬秀州，政和七年屬嘉禾郡，宣和三年屬秀州」。政和

張鳳　宋秀州華亭磚記　一

图 8　1937 年第 3 期《乡心》刊登张凤《宋秀州华亭砖记》。

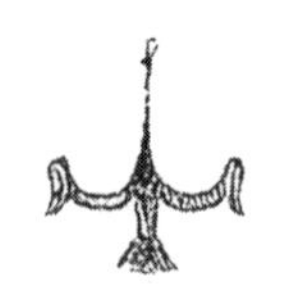

也。”[1] 从以上文字可以看出，张氏在完成《张泾汇宋末义民李太均葛道抗元营垒遗址调查》一文后，又对“秀州华亭县”砖的出处及烧制地点进行考证，发现该砖是一位曾经在秀州华亭县为官的吴姓人去世后葬于绍兴的墓葬用砖，且并非今嘉善区域烧制。

如此，之前引用张氏文字“吾邑窑市，在未建邑前，以余藏‘秀州华亭县’一砖为断，当始于宋时，或尚在宋前”的观点，因该砖并非出于今嘉善辖内，又非今嘉善区域烧制，故不能作为“吾邑窑市……当始于宋时，或尚在宋前”观点的依据了。

关于干窑窑业发端，需要以翔实的考据资料支撑。关于考据的方法，陈垣在《通鉴胡注表微·考认篇》里，按照考据中证据形式的不同分为理证、书证、物证三种。

关于干窑砖瓦窑业发端，从“书证”即文献记载来看，最早见于明嘉靖二十八年（1549）《嘉兴府图记》记录嘉善有“黑窑坯匠一十六户、黑窑匠九十六户”及明万历《嘉善县志》“千家窑镇［章志］在县治西北一十二里永安乡，民多业陶”两条。从书证角度，嘉善砖瓦窑业最晚形成于明嘉靖年间，而干家窑砖瓦窑业最晚在明嘉靖时已形成规模。

还有就是“物证”，以实物作为考据。目前嘉善境内遗存的砖瓦窑，修建时间多为晚清至民国时期。而对古代窑址

1　范久之编《乡心》第 3 期，张凤:《宋秀州华亭砖记》,《乡心》1937 年第 3 期。

的介绍，张凤《张泾汇宋末义民李太均葛道抗元营垒遗址调查》中，谈到张泾汇两岸有废弃的砖瓦，认为是古代窑址，可惜未见其对窑址的进一步发掘和断代，以致后人无法确定张泾汇窑址的修建年代。所以，我们只能试着从嘉善辖内发现的砖瓦窑业实物来寻找嘉善砖瓦窑业、干窑砖瓦窑业发端的线索。

实物一，2004 年在陶庄镇小学校园内，出土古井三口。青灰砖质，用本地黏土烧制。井壁分别用弧形、长方形、梯形砖砌成。其中弧形、长方形砖饰绳纹，梯形砖饰蕉叶纹及五铢钱纹。纹饰优美，器形规整。依据砖的材质、纹饰、烧制温度等，断为东汉时物。

图 9　2004 年陶庄镇小学校园内出土古井蕉叶五铢钱纹砖。

图 10　陶庄出土汉代古井蕉叶纹砖拓片。

实物二，2015年干窑黎明村出土唐代莲花纹瓦当多枚。青灰砖质，用本地黏土烧制。

图11　2015年干窑黎明村出土唐代莲花纹瓦当（金身强藏）。

实物三，2017年魏塘街道东门大街拆迁现场，发现宋代“大圣塔砖”铭文砖一批，为宋淳熙十四年（1187）建泗洲塔用砖。青灰砖质，用本地黏土烧制。砖质细腻，叩之有声。

图12　宋代“大圣塔砖”铭文砖（金身强藏）。

实物四，2018 年魏塘街道硕士花园铺设下水道时，发现唐代莲花纹瓦当、宋代缠枝菊花纹瓦当各一枚。均为青灰砖质，用本地黏土烧制。纹饰精美，制作规整。硕士花园原为始建于三国吴时期慈云寺旧址。

图 13 2018 年魏塘街道硕士花园出土宋代缠枝菊花纹瓦当（金身强藏）。

实物五，2019 年干窑镇长生村大圣寺遗址出土“景定元年”铭文砖，青灰砖质，用本地黏土烧制。砖质细腻、形制规整。同时发现的还有 10 多块材质、尺寸相同的古砖。

图 14　宋“景定元年”砖拓（全身强拓）。

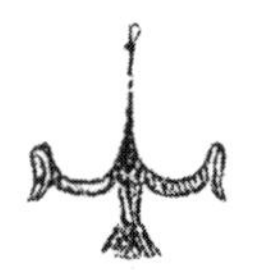

从以上实物可以看出，在宋代以前，嘉善辖内所用砖瓦，大多用本地黏土烧制。本地黏土细腻、黏合力强，适合砖瓦用土要求。且在古代，砖瓦运输殊为不便，所用砖瓦往往就近取土烧制。陶庄东汉古井用砖的出土，说明最晚在东汉时期，嘉善辖内砖瓦烧制业已形成。唐宋时期，嘉善砖瓦烧制技术趋于成熟。

而干窑黎明村区域唐代莲花纹瓦当的出现，是否成为干窑区域窑业的发端，还需要有更多的实物资料进行证明。但这一发现的意义是不容置疑的，即唐代，干窑区域已出现成熟的砖瓦建筑，很可能，这些砖瓦就是干窑区域烧制的。而南宋景定元年（1260）干窑辖内大圣寺用砖的发现，反映该区域南宋时期砖瓦烧制技艺已较为成熟。

因此，干窑砖瓦窑业发端，最晚在宋代，甚至更早。明代万历年间窑业已有相当规模，成为干窑区域除农业外最重要的产业。

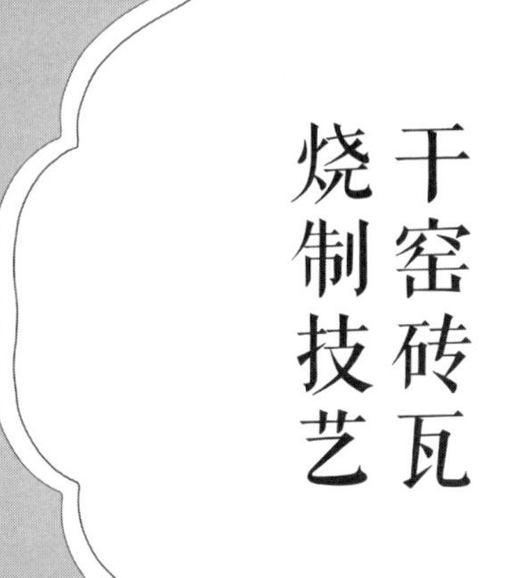

干窑砖瓦烧制技艺

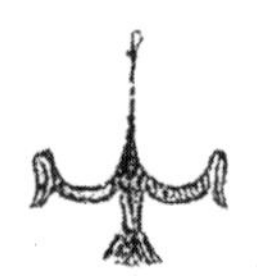

干窑砖瓦烧制，历史悠久。在原始社会，先民都是从建造穴居、巢居到逐步掌握建造半地下半地面的房屋技术。先民在地面用火取暖，以火烧煮食物过程中，发现地上泥土经烧制变硬，防潮御寒，并逐步认识到烧土的特性，可以作为建造房屋的材料。又因泥土在氧化条件下经烧烤呈红色，考古学将之定名为“红烧土”，是烧结砖的雏形。到了6400多年前的母系氏族时期，半坡先民就采用横火膛窑和竖火膛窑烧制日用陶器，从而掌握制陶的基本热学原理，为后来烧制黏结砖、瓦奠定了基础。[1]

图15　红烧土
图片摘自叶志明《刀尖上的艺术》，苏州大学出版社，2016，第2页。

1　王辉编著《中国古代砖雕》，中国商业出版社，2015，第6页。

从考古发现证明，现代意义上的烧结砖形成于良渚文化时期（距今 5300~4200 年），考古文献称之为“规则的红烧土坯”、“坯料型红烧土”或“红烧土坯”[1]，这在稍晚的西塘镇东汇前村马桥文化遗址有发现。从那以后，嘉善区域古

图 16　东汉时期嘉善境内纹饰砖（金身强藏）。

图 17　干窑境内发现清代砖雕《深山采药图》（金身强藏）。

1　王辉编著《中国古代砖雕》，中国商业出版社，2015，第 7 页。

代砖瓦烧制技艺开始出现。到东汉时期，嘉善境内纹饰砖的出现，成为嘉善砖瓦窑业的发端。宋代，周边集市形成，砖瓦需求量增多，干窑区域砖瓦烧制技艺有较大提升，且形成一定规模。明以后，苏州陆墓御窑金砖烧制技艺引入干窑区域，干窑区域以往小土窑已无法适应新的烧制技艺，土窑规模逐渐扩大，砖瓦质量、产量进一步提升。入清以后，干窑逐渐代替张泾汇，成为嘉善砖瓦窑业中心。随着市场需求不断扩大，开发了一系列衍生产品，如砖雕、筷笼等。

民国 8 年（1919），干窑人潘啸湖等创办陶新砖瓦厂，仿制成功我国第一张机制平瓦。为满足上海等周边城市发展的需求，干窑砖瓦窑业因技术革新成功，从而跟上时代前进的步伐，进入鼎盛期。

干窑砖瓦窑盘制技艺

“嘉善大钻大锯子，干窑大包子，乡下旋旋子……”这首流行于嘉善的民谣，描绘的是古代嘉善特有的风景。“嘉善大钻大锯子”，即旧时嘉善城内泗洲塔和嘉善城墙，而“乡下旋旋子”，指的是嘉善农村的水车。“干窑大包子”，便是干窑境内的砖瓦窑墩。

“窑”，从穴，从缶。穴，土室；缶，瓦器。顾名思义，窑即烧砖瓦、陶器的土室。河南新郑裴李岗发掘的横穴窑，说明距今约 7000 年前，先民已懂得搭制陶窑，从而使陶器烧成温度提高到 800~900 摄氏度。且烧制陶器的穴窑，已有燃烧室、窑室、火道及火眼等结构。[1]

干窑辖内烧制砖瓦土窑的出现，最晚在宋代。明代宋应星撰写的《天工开物》收录的两张窑的图片，分别为“砖瓦济水转釉窑”和“煤炭烧砖窑”。从图 18 来看，窑有一人多高，体积较小。

1　李知宴:《中国古代陶瓷器讲义》，山西省考古研究所翻印，1983。

图18 明宋应星著《天工开物》砖瓦窑图。

而对干窑区域砖瓦窑的描述，最早见于明万历《嘉善县志》卷五“物产·砖瓦”:“出张泾汇者曰东窑，出干家窑者曰北窑。东窑土高，窑大火足，故坚完可用；北窑地卑，取土他所，又窑小焖熟者，故脆而易坏。”因此在明中晚期，干窑区域砖瓦窑还处于“窑小焖熟者……”这一情况的改变，也始于明万历年间，苏州陆墓吕氏家族迁居干窑江泾村，带来金砖烧制技艺，从而将传统小窑扩建为烧制金砖的大窑。为避免在名称上与御窑金砖相冲突，改“金砖”为“京砖”，以江泾造“明富京砖”最为著名。

图 19　干窑江泾村吕氏旧宅明代院墙（金身强摄于 2022 年）。

清代以来，随着社会发展，对砖瓦需求增大，干窑镇周边地区技艺精湛的盘窑艺人不断涌现，辖内土窑形式也趋于多样，有“柿子窑”“竹管窑”“和合窑”等。其盘制工艺复

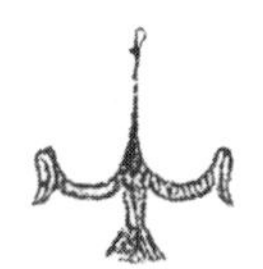

图20　千窑镇江泾村百姓院墙上的“中江泾定造明富京砖”（金身强摄于2022年）。

杂，盘窑师傅往往传男不传女，世代相传。

如今，这门独特的技艺随着时代的发展，正渐渐退出历史舞台。为保存窑乡记忆，留住传统文化，盘窑技艺已成为非物质文化遗产中的一朵奇葩，正展现出特有的“工匠精神”及文化魅力。

（一）干窑砖瓦窑结构

砖瓦窑，俗称“窑墩头”，传统意义上由窑墩、窑棚、窑场、窑屋构成。窑墩是烧制砖瓦的主体建筑，主要由窑门、内膛、天脐、烟囱等组成。内膛分为窑壁、拱顶、额前、火膛、窑床、烟道等。内膛是将土坯变成砖瓦成品的地方。四周窑壁，上部拱顶。额前窑门内壁上端，既支撑窑门，又可叠放土坯。窑床是专门叠放土坯之处。烟道通常有3条，位于内膛后壁，直对窑门，下部与火膛相连，上达烟囱，是排除废气及通风之口。

窑炉结构相对复杂。窑炉设于窑门口，上部有望火眼，下部置炉排，中部开有火窗。砖瓦窑在烧制砖瓦时，燃料由窑门送入，在窑炉中燃烧，火焰穿透火膛逼向内膛各部。火窗可保证足够空气流入窑内，使燃料完全燃烧，当烧至一定程度时，火窗由下至上逐渐砌封，望火眼开始发挥透气和查看火势的作用。另外，关于天脐、烟囱的功能，下文会进行介绍。

除窑墩外，窑棚内主要叠放泥坯，也是烧窑师傅吃饭休

图21　窑门（金身强摄于2022年）。

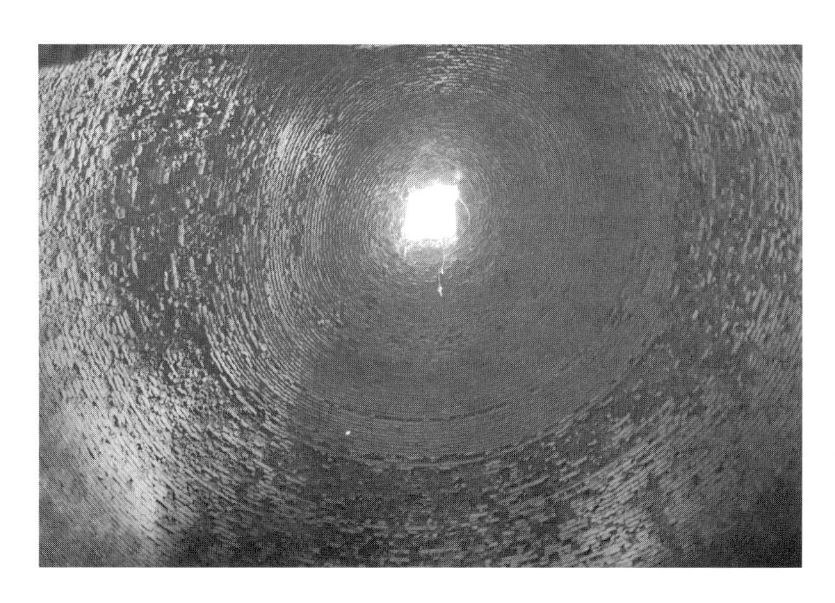

图 22　砖瓦窑内膛（金身强摄于 2018 年）。

图 23　窑墩天脐（金身强摄于 2022 年）。

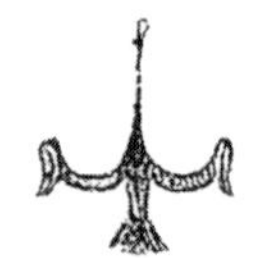

图 24　和合窑烟囱（金身强摄于 2020 年）。

息的场所；窑棚两边是窑场，放置砖瓦和燃料；窑屋是烧窑师傅居住和放置烧窑工具的地方。

（二）干窑砖瓦窑形制

干窑传统砖瓦窑，其结构可分为单体窑、和合窑等；其形制可分为柿子窑、荸荠窑、竹管窑、方窑等。新中国成立后，砖瓦窑业飞速发展，新的砖瓦烧制工艺及电力机器在生产中得以广泛运用，干窑出现轮窑、隧道窑、串窑等新式窑，极大地提高了砖瓦烧制效率。

柿子窑 形似柿子，较低，中间大，以烧制土瓦为主，兼烧各种规格的砖瓦。

荸荠窑 形似荸荠，烧制各种规格的砖瓦。

竹管窑 形似竹管，比柿子窑小，外壁垂直，窑围尺寸上下基本相同，以烧砖为主，兼烧小瓦。

方窑 里面呈正方形，直径3.5~4米，高5米。有5个烟囱（上面3个，两旁各1个），每个烟囱有2条烟道。烟囱高2米，方形。以烧平瓦为主。因容量小，装窑、出窑快，但牢固性差。

和合窑 由两座背靠背相连的窑墩组成，各有单独的烟囱和火门。烧制时两窑间热量互为影响，便于保温，节约燃料。砖梯在两窑中间，使得走上砖梯有倚傍，减少危险。还共用一座窑屋，减少占地面积。和合窑以烧制京砖为主，兼烧各种规格的砖瓦。“和合窑”的名称，“和”即窑户们取其和气生财之意，“合”指窑户之间、

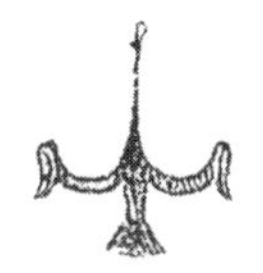

图25　干窑黎明村陶庄水浜荸荠窑（金身强摄于2022年）。

图26　竹管窑（嘉善县博物馆提供）。

图 27　干窑黎明村陶庄水浜小方窑（金身强摄于2022年）。

图 28　干窑村沈家和合窑（金身强摄于2020年）。

窑工之间的合作。还有根据两窑墩相连之形，所以称“和合窑”，体现和气生财、合者两利的我国传统文化之精髓。

轮窑 因几个窑孔轮流烧制，故称“轮窑”。结构主要由窑道、投煤孔、窑门、总烟道、支烟道、烟囱等部分组成。有连续的环形窑道，其直段部分为直窑段，半圆弧部分为弯窑段。窑道内没有横隔墙，窑道外侧墙隔一定距离设一个窑门，作为装出砖坯或成品砖之用，两个相邻窑门间对应区段，称为一个“窑室”，或叫一个“门”，轮窑的规格以若干门数表示。每个窑室长度（即门距）为 5 米左右，高 2~3 米。

轮窑的窑道可分为预热带、烧成带、冷却带 3 部分。泥坯装入窑道，进入装窑、焙烧、出窑工序，各带沿着环形窑道移动。沿整个窑道长度方向的两条平行窑道之间设有总烟道，每个窑室侧墙下部设有排烟孔。总烟道和排烟孔之间由地下支烟道相连通，支烟道与总烟道连接处设有铸铁锥形闸。总烟道上设烟囱，另外也有用地下烟道将总烟道延伸至窑外一侧，再通向烟囱。轮窑烧制过程中，燃料燃烧后的烟气即经排烟孔、支烟道流入总烟道，再经烟囱排空。轮窑一头装窑，一头出窑，在连续不断的循环中完成砖的烧制。干窑的轮窑出现于 20 世纪 70 年代。

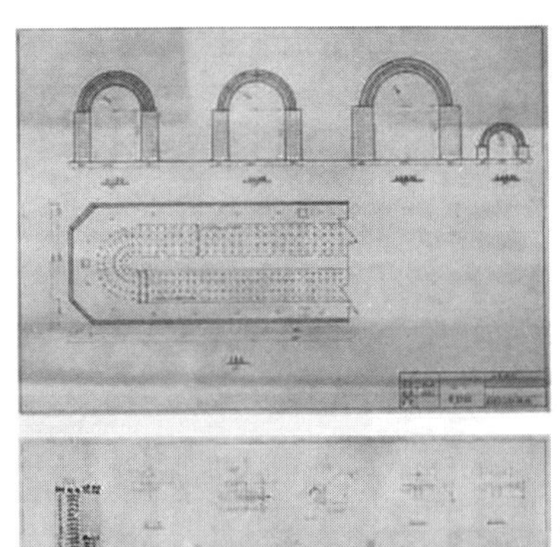
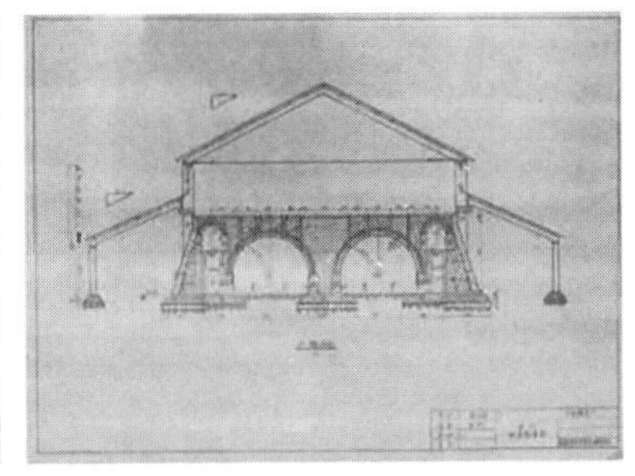
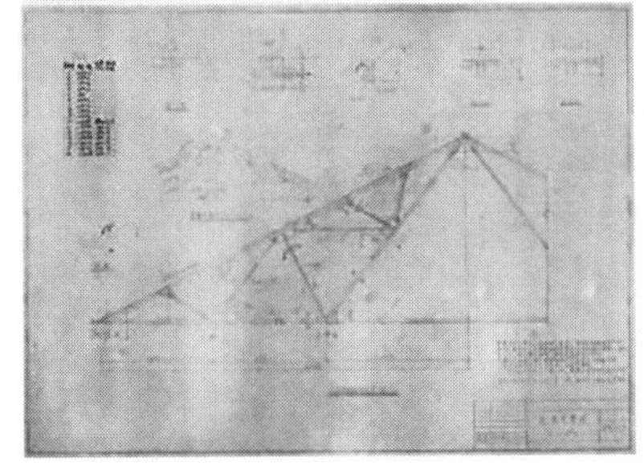
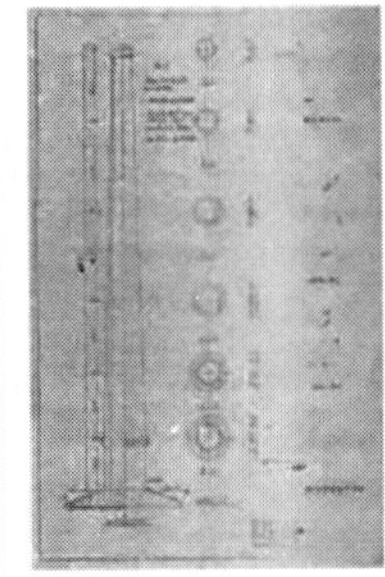
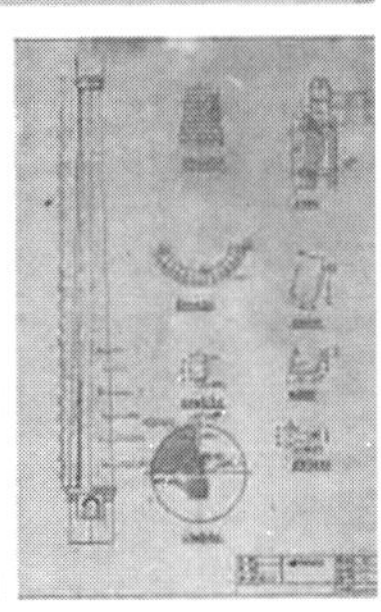

图 29　轮窑设计图纸。

隧道窑　窑体呈长方形房屋状，如一条长的隧道。整体由隧道、窑车、烟道和热 / 冷风机等机械设备组成。中间为隧道，两侧及顶部有固定墙壁及拱顶，底部铺设的轨道上运行着窑车。燃烧设备在窑中部两侧，构成固定高温带。装在窑车内的泥坯从一头进去，经焙烧带烧成砖从另一头出窑。烧砖的隧道窑结构简单，易于建造，操作和生产管理易于掌握，且工作条件好，产品质量好，产量稳定。干窑的隧道窑出现于 20 世纪 70 年代。

串窑　由多个窑串联起来的窑。干窑镇串窑出现在 20 世纪 70 年代，以 4 只窑串联为主。具有容量大、节约燃料等特点。

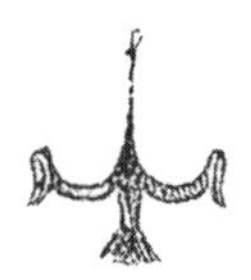

图30 干窑辖内串窑（金身强藏）。

（三）干窑砖瓦窑盘制工序

干窑辖内砖瓦窑，数量众多，形式各异，且沿河而建，远望之窑墩林立，成为该地一大风景。而窑墩的盘制，依靠盘窑师傅世代相传的绝技，不用钢筋水泥，利用窑壁弧形张力和牵引力等，使盘制后的窑墩历经数百年风雨、数千次高温焙烧，屹立不倒，成为我国建筑史上的奇迹。而嘉善盘窑技艺，也被列入省级非物质文化遗产保护名录。

盘窑工序，分为设计、选址、画样、盘“泥锅子”、盘八字、砌囱梗、砌泥胆、结顶、砌烟囱、砌“外货”、置天脐等。

设计 盘窑师傅根据窑户要求，设计窑的形制、结构、尺寸等，以对应该窑烧制砖瓦的品类、数量、周期等。形制有柿子窑、荸荠窑、竹管窑、方窑、和合窑等；结构由窑墩、窑棚、窑场、窑屋等组成；尺寸即窑墩外围、内膛、窑壁等的尺寸。在古代，建窑的设计图纸往往在盘窑师傅的大脑里，施工也全凭盘窑师傅现场指挥。

选址　窑的选址是窑户经营窑业成功与否的基础，也是盘窑师傅智慧的体现。江南水乡，水道密布，出行运输大多依靠航运。窑的选址一般在较为宽阔的河道边，以便于运输。另外，窑址不能设于泥潭之上，即使该泥潭已用土填平也不适合建窑。建窑通常不打桩，窑墩牢固与否，主要依靠坚实的地基。另外，窑一般与居住区域保持一定距离，避免影响村民生活。

画样　在选好的窑址上丈量尺寸、画样。古代盘窑画样，称“画锅子”，盘窑师傅不用尺，窑的尺寸用脚步来丈量，再以石灰画线作为标记。

盘“泥锅子”　在用石灰划定的范围内用泥搭建窑的框架，称盘“泥锅子”。“泥锅子”呈椭圆形，四角比其他部分厚0.4米左右，便于支撑。一个椭圆形窑内胆直径最大处为6.5米的窑墩，泥锅子厚5.5米，泥胆厚1米，整个窑墩的地面最大直径为19.5米。“泥锅子”底部最大内直径8.5米，从下而上，向外扩展至直径9.5米，层层加高，到4米时停止，开始收拢结顶。而四角在3.5米时开始向内收拢。盘“泥锅子”用泥土，每次堆1米高，夯实后外面用稻草遮挡，避免因淋雨而倒塌。“泥锅子”外口、里口都低，中间高。遇到下雨，中间有积水容易塌，因此两边低，水可以从两侧顺势流下，避免中间积水。

盘八字　八字即窑门，也就是出、装窑的入口，此处砌有炉子，以投放燃料、调控火势。盘窑墩最关键的是盘八字。整个窑墩，只有八字和囱梗用砖，其他部位都用泥和泥坯砌

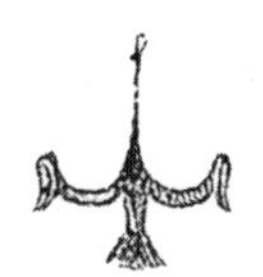

成。盘八字先定位置，然后画出尺寸，一般窑门宽 2.8 米，火门宽 1 米、长 3.8 米，下面长方形，上部拱券形。找出宽部中轴线，与“泥锅子”、囱梗中心连成直线，定下囱梗的位置。八字是窑墩最重要的承重部位，下面用条石打基础。再用砖砌高 1 米，层层叠砌，最后用八字法结顶。结顶用 5 块京砖，分 3 层：第一层两块京砖砌于拱券顶收口处，中间留出半块京砖的孔隙；第二层两块京砖并拢叠在第一层上，拱券口由此收紧；第三层用一块京砖结顶。

砌囱梗 囱梗，在窑另一侧，与八字相对。在烟囱底部外侧留有 3 个长方形小孔，称“烟梗”，用砖砌成。囱梗底部用砖平砌，然后再分砌，由 8 块 85 砖（金注：85 砖，八寸半，长 21.6 厘米，宽 10.5 厘米，厚 3.5 厘米）堆砌而成。再在囱梗上部搭棚。烧窑师傅可凭借烟囱及烟梗中冒出烟的颜色，以调整窑炉火势，把握砖由“生”到“熟”的过程。

砌泥胆 泥胆即“泥锅子”内膛部分。砌窑内胆用泥坯，内侧用两块砖丁字形摆放，称“一顶半”；外侧用两块砖长部相接，称“二顶保温砖”。如此层层叠砌。中间留 30 厘米孔隙，称“榫膜”。等内膛砌到 5 米高时，用泥土将榫膜填实。榫膜起到保持窑温度、防潮等作用。泥胆厚度在 1 米左右。砌泥胆用 85 砖坯。过去有专门制作用于砌泥胆的坯，长方形，尺寸较 85 砖宽且短。这样“泥锅子”、泥胆、榫膜都用泥做成，高温烧制后浑然一体，非常坚固。

结顶 结拱顶是项绝活，一般用薄墁砖。“泥锅子”、泥胆向上逐渐收小时，无任何仪器测量，尺寸都由盘窑师傅控制。

图 31　盘窑之一（周志军摄于 2017 年）。

图 32　盘窑之二（周志军摄于 2017 年）。

结拱顶有“八字结顶”“螺丝结顶”“育子顶”等形式。“螺丝结顶”有角罩出，不牢固；“育子顶”无花样，缺乏美感；“八字结顶”即窑内膛以小八字形收顶，外部“存券”，较牢固。

砌烟囱　烟囱用砖砌成，烟囱呈圆柱形，下面大，上面

略小。一般高5米，中段直径1米左右。烟囱砌成，沿着烟囱走一圈、推一推，如果烟囱纹丝不动，说明缺少张力，遇到大风一定会倒塌。

砌“外货” 外货，指窑墩外壁，用砖砌成。为节省原材料砖，砌“外货”往往在开始烧窑后，积累次品砖或残砖，逐步补砌。

砌“泥锅子”用的土坯为85砖坯。过去有专门制作用于砌“泥锅子”的坯，长方形，尺寸较85砖宽且短。砌“泥锅子”除用坯，还用河泥。砌时有专门“搭泥”，泥坯堆上后，左手推，右手用泥刀斜砌，斜度外低内高。如此窑壁层层向外扩大，到一定直径，用同样方法，泥刀向内斜砌，窑壁逐渐收拢。

置天脐 天脐内要用渗水性较好的红砖土铺设。

每座窑墩内部结构不尽相同，每个部位都经盘窑师傅精心设计，是盘窑师傅经过长期摸索，在实践中总结出来的经验。

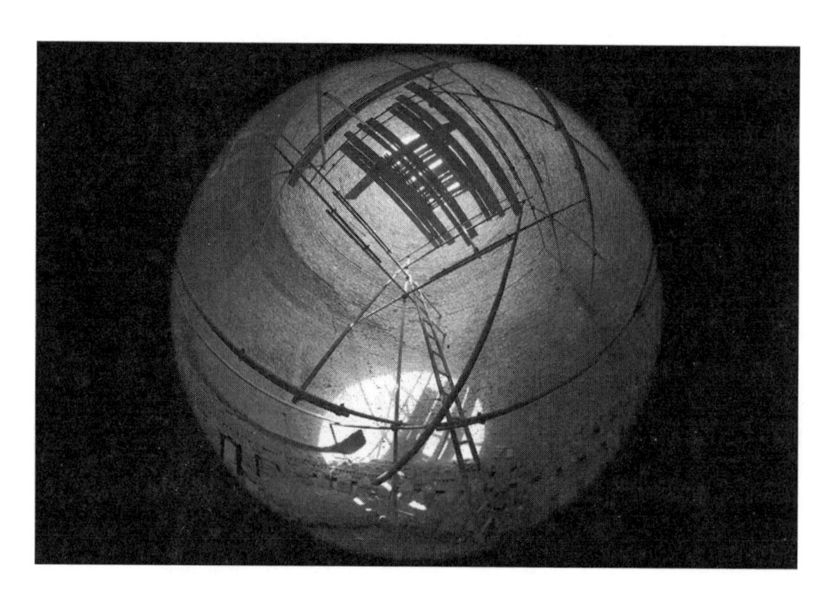

图33 盘窑之三（周志军摄于2017年）。

图 34　盘窑之四（周志军摄于 2017 年）。

图 35　盘窑之五（周志军摄于 2017 年）。

（四）盘窑师傅

盘窑师傅，即盘窑工。盘窑是一门绝活，工艺复杂，能掌握技术，成为盘窑师傅的人不多。盘窑技术一般出自祖传，且传子不传徒、传男不传女。20世纪30年代，嘉善窑业鼎

图36　盘窑用的卷尺（金身强摄于2018年）。

图37　盘窑用的泥刀（金身强摄于2018年）。

盛期，有盘窑师傅50多位，不仅盘制嘉善的窑墩，还走遍江浙各地甚至全国，走到哪里都受欢迎。

图38 盘窑师傅孙新安（金身强摄于2022年）。

盘窑师傅接到任务外出盘窑，带的工具有脚手架、两根6米长的方木、三根木头拼成的跳板，以及泥筒、泥刀等。一个盘窑班子共8人，其中砌窑3人、小工5人。

国民晚期，物价飞涨，民不聊生。米价一天一涨，所以盘窑师傅的工钱用米价结算，收入不受通货膨胀影响。盘窑师傅的工钱是大工一天1石5斗米、中工5斗米、小工3斗米。到1964年，盘窑师傅外出盘窑一天，上交村里2元，计工10分，上交60%，自己留40%。一位盘窑大工一年挣3000多元，在当时算是“巨款”了。

1995年《嘉善县志》中记录了一位盘窑师傅孙雪荣。孙师傅能设计和盘制耐火窑、瓷砖窑、石灰窑、炼焦窑等，还能砌高烟囱，曾被北京、南京等地聘为盘窑师傅。

西塘镇礼庙村盘窑师傅孙新安，1964年跟随父亲孙阿培学习盘窑技术，由于技艺精湛，盘制的各类窑墩结构牢固、省柴耐烧、容量大，深受好评。2016年，孙新安被嘉兴市文化局认定为第三批嘉兴市非物质文化遗产（盘窑技艺）代表性传承人。

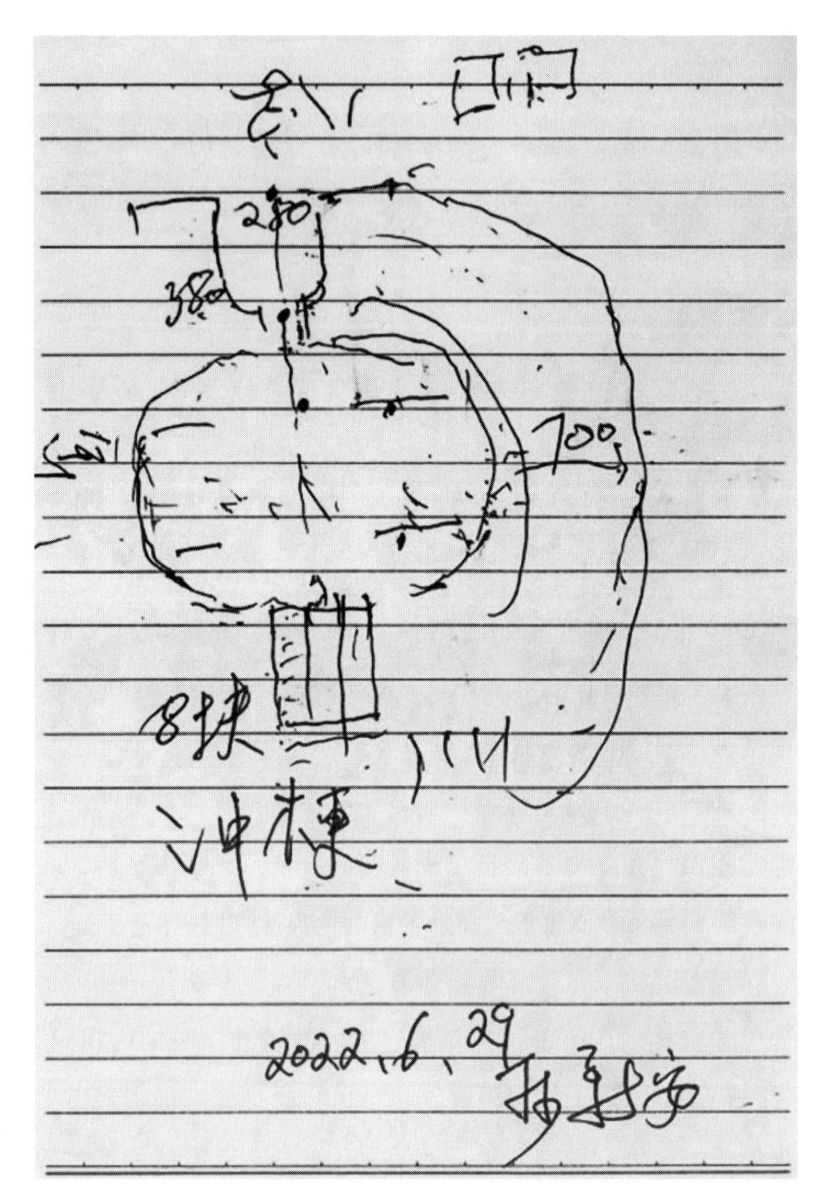

图 39　孙新安绘盘窑草图。

干窑砖瓦坯制作技艺

砖瓦坯，通常指将黏土放在模型里制成的土块，形状各异，用以烧制各类砖瓦等。

嘉善地处长江三角洲太湖流域，一直是地质地貌变化最剧烈的地区之一。在晚更新世早期，该地区湖荡密布。到晚更新世中期，海水侵入该区域，形成海湾。到了第四冰川期，海平面下降，太湖湾成为平原。距今 15000 年前，气候转暖，海平面上升，在距今 8000 年前，海侵达到全盛期，这里又形成太湖湾。此后，受海水波动及河湖堆积影响，该地区成为湖沼湿地环境。由于动力条件和水中泥沙组成不一，造成地形自然分异，形成由东南向西北逐渐倾斜的地貌。

嘉善县以沪杭铁路为界，路南地形高，路北地势低。路南土壤母质为河海沉积物，物理黏性粒含量占 50%~55%；干窑位于路北，地下水位较高，剖面常见腐泥层，有的地方出现泥炭层，受洪涝影响及多次沉积，剖面中有通透性较差的土层，出现青泥层和白土层，分布着青黄泥、青紫泥和半青紫泥土属，这些正是制作泥坯的理想黏土。

因为黏土等优势条件，很久以前，嘉善辖内就开始烧制砖瓦。嘉善砖瓦窑制坯匠的出现，最早文字记载是明嘉靖二十八年（1549）《嘉兴府图记》：记录嘉善有“黑窑坯匠一十六户”。之后的万历《嘉善县志》等都有黑窑坯匠数量的记载。入清以后，制坯匠数量逐渐增多。清末民国时期，干窑区域百姓农忙之余家家户户制坯，成为当地最大的副业。有的农民还受雇于窑主，其收入往往超过农业。光绪《嘉善县志》载：“不少抟土之工，农民于农隙时为之……获利较厚。”

（一）砖瓦坯黏土化学构成

砖瓦坯黏土的化学构成，一定程度上决定制砖瓦工艺的性质和对砖瓦制品质量的影响。干窑辖内土壤有青黄泥和青紫泥两种。[1] 青紫泥土的主要特征，源自曾有湖沼化过程，土层深厚，持水性能强，通气孔隙率仅为 5.5%，通透性差，黏性强，富含二氧化硅、三氧化二铝、三氧化二铁等，是烧制砖瓦的理想黏土。

下面介绍各化学成分在砖瓦坯体中的作用。

二氧化硅　在黏土中含量较高。当黏土中大颗粒二氧化硅含量高时，将增加制品的耐火度，提高制品的烧成温度，减少干燥收缩，降低制品干燥敏感度，焙烧时起到瘠化作用，降低抗折度。黏土中小颗粒二氧化硅易于熔融，使制品结构均匀、密实。

1 《干窑镇志》编纂委员会编《干窑镇志》，中华书局，2015，第 44 页。

三氧化二铝 制砖瓦黏土中含有三氧化二铝，以保证制品有一定的力学强度。当黏土中的三氧化二铝含量过低，焙烧制品的力学强度低；如三氧化二铝含量过高，其力学强度高，但烧成温度也随之提高，燃料消耗增多，其制品抗冻性差。

三氧化二铁 制砖黏土中的三氧化二铁首先是制品的着色剂，当窑内呈氧化气氛时，制品中的铁以高价铁形式存在，制品呈红色；当窑内呈还原气氛时，制品呈黑色或青紫色；其次，氧化气氛中不降低制品耐火度，而在还原气氛中可成为一种有利的助熔剂，降低制品耐火度；最后，颗粒大的氧化铁，在制品焙烧中会出现褐色或黑色斑点。

氧化钙 在黏土制品中起助熔剂作用，并降低制品的耐火度。

氧化镁 在黏土制品中起助熔剂作用，并降低制品的耐火度，但不如氧化钙明显。

氧化钠和氧化钾 钠、钾化合物，在制品焙烧时主要起到助熔作用，并能增加制品强度，降低成形时的坯体含水率。

有机物 黏土中的有机物，主要存在于黏土坯体中，会造成焙烧热损失和制品孔隙率增加。要求黏土中有机物含量越少越好。

（二）干窑砖瓦坯制作工序

干窑砖瓦坯原料，清中期以前，往往取自本地。清末，由于村民大量取土，造成土地流失、水位上升、洪涝等严重

图 40　清代“县正堂江氏永禁挑土”碑（朱泉荣藏）。

灾害，知县汪清麒、江峰青等颁发“严禁挑土”布告，“刊刻四言简明告示，发房立案，每岁印发三百张，分贴各乡，严禁挑土。并勒石干窑近处”。[1]禁止用辖内黏土制坯。取土现象有所改善，砖瓦土坯所用黏土大量由周边地区载入。

干窑砖瓦土坯制作技艺，自宋代已趋完善，明清后更臻成熟。为了解传统砖瓦坯制作工序，笔者经多年实地调研，采访嘉善辖内老窑工干窑镇干窑村76岁沈步云、天凝镇三发村85岁许金海、陶庄镇汾南村103岁陆贞祥等，再结合砖瓦坯制作原理，将其制作工序总结如下。

选坯场 坯场即制作砖瓦坯的场所。坯场选择地势略高的地方，不容易积水。且地表杂砖石少。并靠近河流湖泊，以便于运输。在古代，还需考虑周围有高地，可就近挖泥取土。

搭坯棚 坯棚指做坯的工作场所，一般搭成简易草棚。有前门、后门，前门堆坯，后门取泥踏泥。棚内做数个制坯用的坯台，有坐式、立式两种。坐式坯台宽45厘米，长80厘米，高60厘米，做坯者座位高度45厘米；也可做立式坯台，尺寸如同坐式，高度为1米，做坯者站立劳作。坯棚既是生产砖坯的场所，也是做坯工休息之所。

筑坯埂 在平整后的坯场上，用泥土筑成小堤岸式的坯埂。坯埂宽30厘米，高20厘米，长度根据坯场长短而定。坯埂一定要夯结实。

---

1 江峰青纂修：清光绪二十年（1894）《嘉善县志》卷二“区域志二·水利”。

取坯泥　取坯泥时，选择适合制作砖瓦坯的青紫泥土。去除表面约20厘米厚的肥泥土质、杂质。因土表层施过肥料，没有黏性，不适合做坯。将坯泥堆放两三个月，让草根等杂质腐烂。

踏坯泥　“踏坯泥”，即坯泥加水后，用人力或牛力踩踏的过程。具体做法是踏泥前一天下午，先用铁搭坌一堆泥，泥堆中间挖出一个个小坑，不断往泥堆中泼水，直至其饱和。经一晚浸泡，泥土已均匀吸水。次日用铁搭坌一遍，再踏平，后用铧抄抄两遍、脚踏三遍，使坯泥与水和润，软硬适度，黏结力强。

醒坯泥　坯泥踩踏后，用草荐子覆盖一昼夜，称“醒坯泥”。醒后的坯泥泥性稳定，更有黏性，并有韧劲，才能成为真正的坯泥。

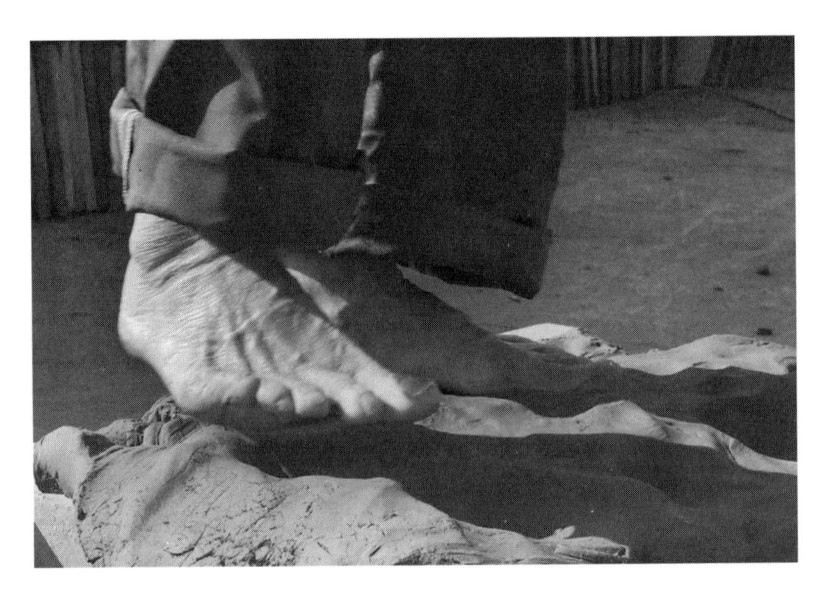

图41　踏坯泥（全身强摄于2020年）。

切坯泥 先用大泥弓从泥堆上切一块长方形泥块，放于坯凳（坯凳由泥或木头制成，泥凳上需铺大小方砖或棚光砖）旁，称“扒泥”，后用泥弓将其切成可做三块砖坯尺寸的小泥块。

做砖坯 俗称“掼坯”。现介绍85砖的做坯方法，先从坯凳边灰甏里掏出灶灰，撒在坯匣里。取5斤左右坯泥，双手紧握，高高举起，用足力气，将坯泥往坯匣模子里用力掼下去，查看模子内的坯泥是否到位。初学者往往掼时用力稍偏，出现坯匣一角空缺，就用大拇指在匣角处补泥。用小泥弓上的钢丝，沿坯匣表面刮平，将多余的坯泥放还到泥堆上。再用坯盖正反面一盖，坯板一衬，坯匣一拆，一块砖坯就完成了。双手托起坯板上的砖坯，整齐地放在右侧小凳上。此时

图42 民国时期嘉善做砖坯女工。

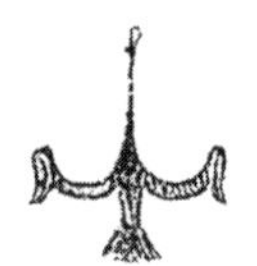

千万不能忘记在坯面上再放 1 块坯托，一般一行放 4 块砖坯，以两行最为合适，满 8 块砖坯时再横放 2 块坯砖，以防湿坯倒塌。而后将 10 块湿坯搬运到坯棚外面的坯埂上，开始勤砖坯。

勤砖坯 把刚做好的湿砖坯搬运到坯埂边，轻轻放下，然后双手轻拿上下 2 块坯托，弯腰把坯托上的砖坯侧放到坯埂上，以骑缝形整齐排列。这道工序叫“勤砖坯”。底层为 1 层，然后往上 2、3、4 层堆放。4 层砖坯晾干，质地较硬，能再次承受湿砖坯重量时，再往上堆放 4 层。坯埂上砖坯以 8 层为宜，最多可堆 10 层。

晾砖坯 砖坯制成，还需晾干。风吹但不能直晒，也要避免淋雨，因此还需对砖坯进行保护。最原始的方法，是用稻柴编织的“草荐子”，按坯埂上的砖坯长短遮盖，砖坯顶端用草荐子遮盖。编草荐子也是做坯过程中不可或缺的技艺。具体做法，用敲熟稻柴搓绳子、削好柴押（编）荐子，即用“石婆子”（榔头）将稻柴敲软，这样搓成的绳子牢固，在草荐子编织过程中，绳作经，柴为纬，草荐子有腰鞭荐、丝毛荐、枪荐、围泥荐等。

清坯埂 把晾干的砖坯从坯埂转移到坯棚内，然后清理坯埂，让新做的湿砖坯再次堆放到坯埂上晾干。

售砖坯 一般做砖坯的业主都同烧窑户主有预约，做砖坯业主积累了一定数量的砖坯后，就有烧砖的窑户上门收购，或做砖坯的业主自己推销。

徐小娜在《做坯记》中，记录 20 世纪 70 年代她的做坯经历：“湿的泥坯在做坯人的打理下，经过一个月左右的风吹

图 43　民国时期嘉善晒砖坯。

日晒，慢慢地变成了干坯，队里把船停到坯场上，我们又开始相互帮忙搬坯，男劳力在船上将 8 块一叠的坯上下码齐，十几吨的木制坯船，约一小时就可装满。记好各户的数量后送坯船摇到村窑上，村窑够了再将坯卖到下（上）甸庙一带的窑厂，等队里和窑上结账完毕，给社员发了补贴。此时，做坯人觉得劳动价值得到了体现，辛勤付出得到了回报，脸上也会露出微笑。”[1]

1　徐小娜:《做坯记》,《嘉善记忆》2021 年第 15 期。

装窑、烧窑、出窑

装窑、烧窑是技术活，决定着窑货质量，需要大师傅把关。而烧窑的前提是装窑，装窑质量的高低，直接影响烧制的砖瓦质量。烧窑很神秘，装窑更神秘，因窑的大小形制不同，所装窑货品种、数量各异，装窑的方法也有所区别。

图 44　装窑（顾梅森摄于 2007 年）。

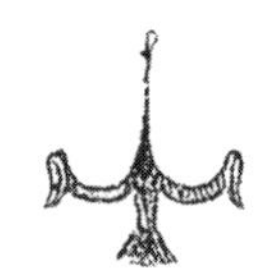

（一）装窑

将晾干的砖瓦坯通过人工搬运到窑内膛，称“装窑”。装窑要以容纳坯最多、各坯受火面最大且均匀、所出次品最少、安全不倒塌为目标。要根据窑墩结构的差别、窑货规格的不同进行装窑。装窑一般要在当天完成，当夜点火，以加快窑墩的周转。泥坯装进砖窑时，分“上装”“下装”两等。“上装”技术含量最高。装泥坯上紧下松，出通水火弄，做到洞对洞、弄对弄，火舌在窑膛内畅通无阻。烧制瓦片必须先在窑内装砖坯作为底脚，然后把瓦坯叠放在上面，待瓦坯烧制

图 45　装窑（顾梅森摄于 2007 年）。

成瓦片时，砖坯也已烧制成砖。一般砖窑可装入14万张瓦坯，用2万块砖坯做垫底。最小的窑可容纳3万块砖，最大的窑能装17万块砖。装窑结束，将窑门封口，留一火门即可。

（二）烧窑

烧窑，是将砖瓦坯经过焙烧变成砖瓦的过程。负责烧窑的大师傅只有1个，拥有丰富的经验。他从第一把火进入窑膛开始，每天观察火候火舌。焙烧几天后，通过观察火在烟囱里冒出的颜色来判别火候。烧1砖窑需3~4天，瓦窑烧6~7天才成熟，后者时间较久，因瓦坯不能用猛火焙烧。焙烧分五个阶段：前火、大紧火、中紧火、小紧火、后窗火。

前火　又称“观窑”，即用稻柴以小火焙烧。烧窑开始3天用前火。砖瓦坯有一定湿度，如开始用旺火，砖瓦坯会爆裂，严重影响产品质量。用前火，可逐步去除砖瓦湿度。

大紧火　又称“大进火”。烧窑至第4、第5、第6、第7天，用秸秆烧，火力旺。之后第8、第9、第10、第11天，不断加秸秆及柴燃烧，用铁钩挑柴火，使火越烧越旺。如火势不旺，出现“烧僵夹生”砖，会严重影响整窑砖瓦质量。

中紧火　又称“中进火”。经过8天大紧火后，窑内砖瓦基本达到成熟状态。此时需用中紧火、小紧火煨烧。如烧红烧肉一般，千烧不如一焖。砖瓦也如此，用猛火烧熟的情况下，用中紧火巩固，小紧火慢煨，以确保产品质量。小紧

火有烟出，通过辨别烟的颜色，观察窑内火候。

加水 生坯烧到成熟时，即加水于顶（天脐）。水由挑水者沿着砖窑的砖梯而上，窑墩外挑水工走的台阶仅能踩到前脚掌，每节台阶只有 15 厘米 × 40 厘米的面积，节高 10 厘米左右，砖梯有 65 级、73 级，必然是单数的。每逢夜间，挑水者为能在黑暗中看清砖梯，有的在砖梯两侧涂石灰水，有的把灯笼叼在嘴里（双手各扶 1 只水桶，不让晃动）。挑水者用一根稻草插进窑顶烟囱，看是否被烧着。如没有烧着，仅颜色转黄，证明水挑得正好。如果雨天燃料湿，寒水重，春水重，打水就不同。每块砖春水 5~6 两，寒水吃 4 两半。每座窑的烟囱里有 20 块砖，这是掌握风火用的，可根据情况递减。窑货烧至成熟就停烧封闭窑门，使其在高温中得到胶化，以增强黏着力。闭窑后若是不加水，则密闭需多加数日，使火力略予加长，所得窑货为赤红色。如果封闭后在窑顶围堤内挑入河水，用细长铁杆在窑顶穿小孔，让水慢慢滴入窑内，使窑内水火相济，底面适均，隔数日出货，窑货为黑灰色，俗称为青窑。

（三）出窑

砖瓦出窑时，出窑工需全班人马，上下里外配合，一日内搬完。这样，一窑砖瓦才烧制完成。

46 烧窑（金身强摄于2022年）。

图 47　烧窑（金身强摄于 2022 年）。

图 48　出窑（金身强摄于 2018 年）。

图 49　出窑（金身强摄于2018年）。

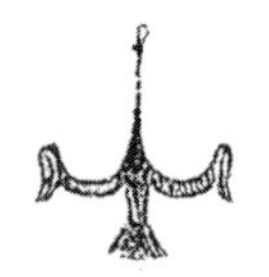

图 50 民国时期嘉善出窑。

干窑京砖烧制技艺

京砖，因两面均为正方形或长方形，民间又称为“方砖”。多用于铺设大户人家的宅邸、园林及各处庙宇、宫殿等地面，还作为各类建筑的装饰。京砖的规格较普通砖大得多，烧制技艺复杂，烧制一块京砖，需经取土、练泥、制坯、排潮、打紧火、染烟、加水等30多道工序。目前嘉善京砖烧制技艺被列入浙江省非物质文化遗产代表名录。

（一）干窑京砖历史溯源

京砖，原名“方砖”“金砖”。

方砖的历史，可以追溯到战国时期。考古发现，在战国时期建筑遗址中，已发现方砖，主要用于铺地和砌壁面。[1] 此时的方砖用模压成型，外饰花纹。方砖大量使用始于秦代。秦始皇兴都城、建宫殿，烧制和应用了大量方砖。著名的秦都城阿房宫中就以方砖铺地。东汉时期，佛教传入中国。随

1 叶志明:《刀尖上的艺术》，苏州大学出版社，2016，第7页。

着佛教兴盛，大量寺庙的兴建，方砖作为铺设建筑地面及装饰建筑的材料得到进一步发展，并延续至唐宋时期。该时期的方砖，普遍印有纹饰，除实用性外，还讲究装饰性。而作为砖雕材料的方砖，将在后文详细阐述。

嘉善辖内方砖出现时间，由于缺乏文献与相关实物，很难有准确断代。如嘉善辖内始建于三国时期的慈云寺，是否如东汉时期其他庙宇，已用方砖铺地？出现于唐代的寺庙就更多了，如魏塘辖内景德寺、大胜寺，干窑辖内建于唐贞观十三年（639）的大圣寺等，在这些建筑遗址也没有发现铺地的方砖。进入明代，始建于明洪武元年（1368）的长寿禅寺、明成化二年（1466）的建龙庄庵等，在这些建筑遗址也未发现方砖。而从其他地方明代以前的建筑使用的方砖来看，尺寸较小，边长 30~40 厘米。

从方砖升级为“金砖”，是明代永乐年间的事了。明成祖朱棣迁都北京，大兴土木建造紫禁城。经苏州香山帮工匠推荐，决定“始砖于苏州，责其役于长洲窑户六十三家……其土必取城东北陆墓所产”[1]，由于质量优良，博得明成祖朱棣的称赞，赐名窑场为“御窑”。这些铺设于紫禁城的方砖，名“御窑金砖”。

明代中期，苏州京砖烧制技艺传入干窑江泾村。据《干窑镇志》记载：“明朝万历年间已有记载：‘出干家窑者曰北窑’，当时江泾吕家的‘明富’字号京砖（即大方砖）与邵

1　张问之：《造砖图说》，浙江巡抚采进本。

家、陆家的‘定超’字号已颇具盛名。”[1] 笔者曾采访江泾吕氏后人 85 岁的吕根发，老人清楚记得《吕氏家谱》中有明代吕氏从苏州迁入，在此建窑烧制京砖的内容。当地老人口中也流传着吕氏将京砖烧制技艺带入干窑的传说。且现今我们尚能看到明清时期吕氏烧制的京砖实物。对于干窑京砖烧制技艺由吕氏从苏州传入，在没有其他反证出现前，姑且以此论点作为干窑京砖烧制技艺的源头也未尝不可。

关于干窑京砖，当地还流传着苏州陆墓御窑金砖的制作技艺传自干窑区域的说法，姑存之。

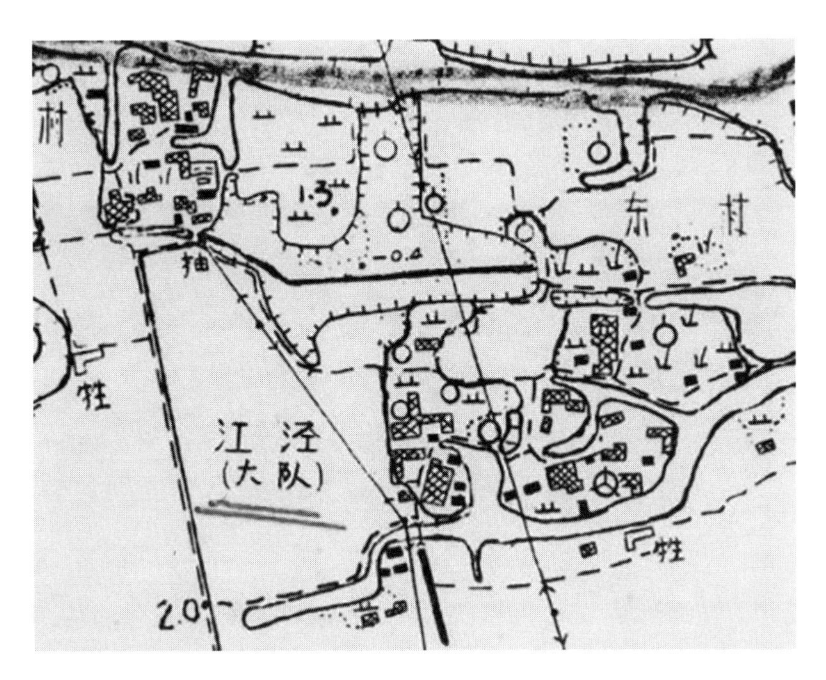

图 51　1976 年江泾大队地图。

1 《干窑镇志》编纂委员会编《干窑镇志》，中华书局，2015，第 749 页。

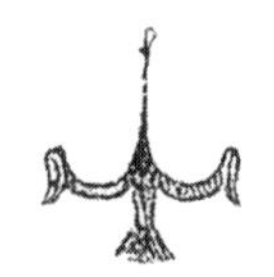

1. 干窑京砖名称由来

前文提到，明成祖朱棣建造紫禁城，这些由苏州陆墓御窑工匠烧制，铺设于紫禁城的方砖，因质如金玉，叩之有金石之声，用于天子脚下，有无上权威。[1] 又因其制作不惜工本，价格昂贵，且产自御窑，故名“御窑金砖”，简称“金砖”。而“御窑金砖”与干窑“京砖”，其实是传承的关系。

明代中期，苏州陆墓御窑工匠吕氏来到今干窑镇长生村江泾自然村定居。在这之前，干窑区域的砖瓦烧制技艺已趋于成熟，出现家家户户业陶的场景。吕氏窑工的到来，带来了陆墓“御窑金砖”烧制技艺，为干窑区域的窑业发展注入了新活力。然而，在封建社会，皇权至上的等级观念，对“御窑”及御用器物的管理非常严格，严禁民间私制及使用。

图 52　苏州陆墓御窑遗址（摘自王建良总主编《百工录·苏式砖雕》，江苏美术出版社，2013）。

1　王辉编著《中国古代砖雕》，中国商业出版社，2015，第 17 页。

在此背景下，吕氏带来烧制金砖的技艺，如何在予以推广使用成为一大难题。

据《嘉善县地名志》记载："明代，境内江泾村生产的'明富''定超'字号的京砖已颇具盛名。"[1] 今天，我们尚能看到明代干窑辖内生产的"中江泾定造明富京砖"等实物。正方形、长方形都有，且尺寸较之陆墓御窑金砖小且薄，名称已改"金砖"为"京砖"。

名称的改变，体现出干窑人的智慧。"金砖"产于御窑，供皇帝御用，如沿用这一名称，后果不堪设想。所以改称"京砖"，在体现烧制金砖的精湛技艺的同时，以"京"代"金"，仍有供京城使用的含义。从此，"京砖"成为干窑砖瓦业的一大品牌，因技艺传自御窑，质地优良，广受百姓欢迎，流传至今。

2. 干窑京砖与陆墓金砖

陆墓金砖，分为御窑和民窑两种。御窑烧制，往往不惜工本，质量要求极高，非民窑所能企及。御窑设于陆墓，也带动了周边区域民窑的金砖烧制，以供官衙、寺庙、大户人家建筑之需。因烧制过程有所简化，质量与御窑金砖相比，稍逊色。

干窑京砖烧制技艺发源于苏州陆墓，从用料到烧制技艺，与"敲之有声，断之无孔"的御窑京砖相比存在一定差距。苏州御窑金砖用黄泥，据《造砖图说》记载，色泽"干

---

1 嘉善县地名委员会编《浙江省嘉善县地名志》，2003，第 169 页。

黄作金银色”，“黏而不散，粉而不沙”[1]，密度比一般土大，铁含量高，质地细腻坚硬，耐磨性好。御窑金砖的烧制过程有30多道工序，质量精益求精。御窑金砖成品是否合格，先由地方官员检验，要达到“敲之有声，断之无孔”。清乾隆四年（1739）江苏巡抚张渠在奏折中说：“钦工物料，必须颜色纯青，声音响亮，端正完全，毫无斑驳者方可起解。”[2]这只是初验，达到这一标准可以装船运走。到京城后，经皇宫造办处验收完成才算合格。所以窑户往往须随行，负责到底。因此陆墓御窑金砖上印有造砖时间、督造官、监造官、窑户地址、窑工户籍姓名等，以便于朝廷追责。

干窑京砖均采用当地特有的半黏性土（俗称“中层土”）制坯。这种土比陆墓金砖用的黄泥轻，含铁量低，含铝量较高，故烧制的京砖，质地细腻，且年代久远也不会泛黄，除铺地外，还适宜于作砖雕材料。干窑生产的京砖是有品牌承诺的，即标明产地及窑户名称，如“中江泾定造明富京砖”等字样，还有干窑制坯，如洪溪朱杭圩等地烧制会标明“朱杭圩陆天顺定造京砖”等字样。

干窑京砖传承苏州金砖技艺后，根据实际情况，改进苏州金砖的烧制技艺，使之更符合干窑及周边区域的需求。其京砖产品款式多样，且根据客户要求，烧制的京砖分为细料精制及普通两种，产品销路日广。在干窑、洪溪等地形成江

1 （明）张问之：《造砖图说》，浙江巡抚采进本。

2 清乾隆四年（1739）江苏巡抚张渠奏折。

图 53 “光绪十二年成造细料二尺见方金砖”铭文砖。

图 54 “中江泾定造明富京砖”铭文砖（金身强摄于 2022 年）。

泾制坯，洪溪朱杭圩、朱家浜等地烧制的局面，带动一方经济。

（二）干窑京砖烧制工序

干窑京砖烧制技艺，源于苏州。明代中期，苏州吕氏窑工迁入干窑江泾村，带来苏州金砖烧制技艺。由此，干窑京砖开始出现，形成独特的京砖烧制技艺。干窑京砖根据用途等，分为细料精制及普通两种，其烧制工序有所不同。细料精制京砖选泥、制坯、烧制等工艺复杂，成品质量明显高于苏州民窑金砖，与御窑京砖相比，尺寸略小，质量却不相上下。由于烧制数量少，能留存至今更为罕见，但却代表干窑京砖烧制的最高水平。因此，此处介绍的干窑京砖烧制工序，以此为例。

1. 取土练泥

制京砖需要具有黏性、含铝量较高的泥土，以干窑所出中层青黄泥为佳。明代张问之《造砖图说》详细记载京砖制作过程，其中对取土练泥有如下表述："掘而运、运而晒、晒而椎、椎而舂、舂而磨、磨而筛，凡七转而后得土。"民间又称为"选、冰、碾、浆、筛、晒、练（包括踏、翻、焖）"等工序。具体来讲，掘得上乘青黄泥土，运到场地上晒干，又经冬天冰冻，自然风化成细泥，用木槌敲成粉末，放入容器中，再用木棍舂成稀泥，用"撩子""操"出，倒到另一只上面放有细眼筛子里沥浆。之后，拣去泥粉中的杂质，倒在地上，摊成10厘米左右的薄片晒干。最后把泥块分割成片，存

放于窑棚内备用。泥块存放 1 年后，成为“老泥”以备用。

使用时，泥块堆放于坯场上，高约 33 厘米，泼上适量的水，遮上草荐，焖 2~3 天。之后，泼适量水后踩踏。反复翻、踏七八遍，使其充分熟透，如同面团，能搓成很长很细的泥条，软硬适中，黏结力强，才算完成。

图 55　练泥（顾梅森摄于 2007 年）。

2. 制坯

京砖的坯盒，又称“坯模”。尺寸较大，规格有 30 方、40 方、50 方、60 方、70 方等。京砖坯盒有特别要求，坯盒上宽下窄、上厚下薄。以做边长为 40 厘米（40 方）的京砖为例。坯盒上宽 45.6 厘米，下宽 44.8 厘米，中间宽 45.2 厘米；上面厚 5.5 厘米，下面厚 5 厘米，长 48.5 厘米，坯盒长 72 厘米。底板长 60 厘米，宽 55.5 厘米；面板长 60.5 厘米，宽 57 厘米；棚板长 52 厘米，宽

51 厘米；出坯时撑板的作用是防止京砖坯变形，长 61 厘米，宽 5 厘米，厚 2.3 厘米。

制京砖坯时，把坯盒放在坯凳上，坯盒下面垫上托板，撒上毛灰，将钩下的泥块放进坯盒，人站在上面反复踩踏，将坯泥踩结实。再用铁丝木架的泥弓钩去多余的坯泥，用刮尺贴紧坯盒把泥刮平，使之光滑均匀。然后打开木模，抽出托板，取出泥坯，把泥坯大头向上，按南北向排成“人”字形，竖直摆放至平整后的坯场，盖上两层“草荐”，以避免太阳直晒或雨淋，使之自然阴干。等泥坯发白后，再搬至阴凉封闭的窑棚里等待装窑。

京砖土坯里的水分自然阴干，如同做家具的木材必须自然干燥一段时间，否则家具以后可能变形，京砖的土坯也是如此。

图 56　制坯（金身强摄于 2020 年）。

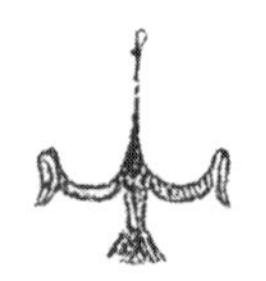

图 57　制坯（金身强摄于 2020 年）。

图 58　阴干（沈雪华摄于 2017 年）。

3. 戳印

在京砖侧面加盖标有生产地、窑户名称、品牌名等字样的印章。在京砖坯制作时，在坯还有一定湿度的情况下，将刻有文字的木印章戳印上去。经焙烧后使之坚硬，与京砖融为一体。这是古代嘉善人品牌意识、质量承诺的体现。

4. 装窑

将阴干的京砖泥坯装进窑墩里。装窑分“上装”和“下装”。技术好的师傅负责“上装”。通常在窑心部位装京砖泥坯，四周装普通泥坯保护，以防窨水时，水滴过多造成“水伤”。装窑时砖坯摆放上紧下松，从底部开始，按特殊规则叠成“骑花”圈状，留有空隙，交叉叠放，使火焰能从底部穿透至顶部，以保证每一块砖受热均匀。通常一窑可装 8000 块左右京砖。

5. 焙烧

京砖焙烧过程十分讲究。坯入窑后，点燃窑火的过程很复杂，其中掌握火候最为关键。一般分为前火（排潮）、大紧火、中紧火、小紧火、后囱火（染色）5 个阶段。烧窑师傅要掌握坯性、窑性、气候性和燃料性，并随时掌握各种动态，细心地辨温、辨色、辨火、辨声、辨烟、辨灰煤、辨硝、掌闸等，及时调整囱砖缝隙大小，所有这些，全凭“大伙”（烧窑大师傅）用实践经验来判断，也需要“大伙”“二伙”的密切配合。

明代，焙烧京砖坯一般用砻糠（谷糠壳）熏 1 个月、片柴烧 1 个月、棵柴（细的木材）烧 1 个月、松枝柴烧 40 天等

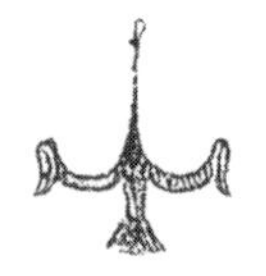

图 59　装窑（周向阳摄）。

图 60　焙烧（沈雪华摄于 2017 年）。

图 61　出窑（周向阳摄）。

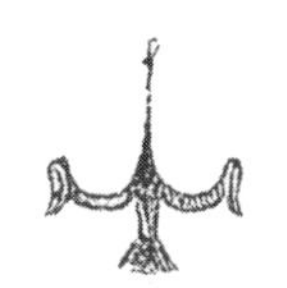

四个环节。经过四种不同燃料的燃烧，在耗时130天之后，方可窨水出窑。清末以后，京砖坯用麦柴文火焙烧12天以排潮，然后用松木柴焙烧约60天。在焙烧过程中，烧窑师傅需密切观察火候，及时扒去柴灰，添入稻麦草。如今，焙烧一窑京砖通常需43天左右。其中稻柴或木屑烧窑25天，挑水5~7天，冷却7~9天，出、装窑各1天。

6. 打磨

出窑后的京砖只是半成品，需经过耐心细致的打磨。打磨是用工具在圆形水槽中边磨边冲水，直至表面平滑如镜。打磨后的京砖，在使用过程中被踩踏，以致表面磨损，京砖细腻的内胎显现出来，表面因磨损而产生的光，俗称“包浆”，使京砖变得愈发光亮润泽。

7. 泡油

京砖烧制的最后一步是泡油。将打磨后的京砖浸泡在桐

图62　京砖打磨（金身强摄于2018年）。

油里 100 天。桐油既能让京砖富有光泽，还能延长它的使用寿命。

干窑京砖烧制，延续到民国时期。20 世纪 80 年代，洪溪恢复京砖烧制技艺。2001 年，在干窑，京砖烧制技艺在老窑工们的努力下重新恢复。干窑沈家和合窑先后投资 10 多万元，使小京砖泥坯制作、泥坯打磨实现机械化操作，大大提高工作效率。2005 年，干窑村的“和合窑”被列为省级文物保护单位；2009 年，嘉善“京砖烧制技艺”被列为“浙江省非物质文化遗产普查十大新发现”之一。代表性传承人为沈步云、许金海。[1]

图 63　泡油（丁惟建提供）。

1　沈江龙、周向阳:《能工巧匠的杰作——嘉善传统手工艺》，科学出版社、龙门书局，2018，第 17、18 页。

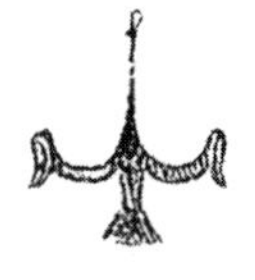

干窑瓦当烧制技艺

瓦当，是屋檐下的艺术。庄子言：“道在瓦甓”，大道无处不在，即便是身边最不起眼的平常之物也有道存焉，一片瓦甓，一块残砖，都是素朴本真的存在。中国的瓦当艺术源远流长，早在西周时期，就有瓦当出现。[1]

普遍意义上，瓦当是指古建筑屋顶上，覆扣于筒瓦头部，有一下垂的半圆或圆形部分，作为筒瓦的瓦头，既有保护房屋椽子免受雨水侵袭导致腐烂的实用功能，又起到装饰作用，寄托人们对美好生活的向往。而瓦当的另外两种形态为“滴水瓦”“花边瓦”。东汉末年王莽时期流行的“四神瓦当”，是表面黑色磨光的板瓦，檐头板瓦一端开始加厚，并压印纹饰，成为后世“滴水瓦”的发端。唐代，滴水瓦已有使用。滴水瓦覆盖于建筑屋檐口板瓦上，当面对称，弧形向上，以利于流水下泻，也起到保护房屋椽子及装饰的作用。花边瓦始于清代中期，当面扇形，较滴水瓦厚，弧形向上，饰以

1　陈根远、朱思红：《屋檐艺术：中国古代瓦当》，文物出版社，2021，第1页。

图 64　清代花草纹滴水瓦（金身强藏）。

图 65　清末双龙戏珠纹花边瓦（金身强藏）。

花边，纹饰厚重，凹凸感强。

关于各时期瓦当的研究，自清代金石学中兴以来，研究成果不断，涉及瓦当纹饰、书法等，这里不再赘述。下文试对干窑区域瓦当的出现及制作技艺作介绍。

（一）干窑区域瓦当的出现

干窑区域最早发现的唐宋时期的瓦当，是 2015 年干窑

黎明村出土的唐代莲花纹瓦当。此枚莲花纹瓦当，用干窑本地青紫泥烧制。尺寸较大，莲花纹饱满，棱角分明，周围饰有唐代典型小乳钉纹。由此推断，干窑区域唐代就有瓦当出现。

图66　干窑出土唐代莲花纹瓦当（金身强藏）。

从干窑区域发现了明代兽面纹、龙纹、花草纹瓦当等，可以证明，明代干窑的瓦当烧制技艺已成熟。明代万历《嘉善县志》已有关于干家窑砖瓦业的记载。值得关注的是，明代圆形、半圆形瓦当在民间建筑中的使用开始减少，有走向衰弱的迹象。清代滴水瓦开始在干窑出现。从现存大量干窑区域出现的清代、民国时期滴水瓦、花边瓦可以看出，其质量之精、纹饰内容丰富，成为江南地区瓦当中的一朵奇葩。

图 67　干窑出土明代莲花纹瓦当（金身强藏）。

（二）干窑瓦当烧制工序

干窑窑文化历史上，除京砖外，瓦当的烧制也闻名遐迩。究其原因，质量上乘，纹饰优美，寓意吉祥，深受用户欢迎。关于瓦当的纹饰，详见本书的“干窑窑业精品鉴赏”分册，这里暂不涉及。干窑瓦当形式多样，这里以最具区域性、代表性的滴水瓦为例，试着对滴水瓦的烧制技艺做简单介绍，以点代面，使读者对干窑瓦当的烧制技艺有大致的了解。

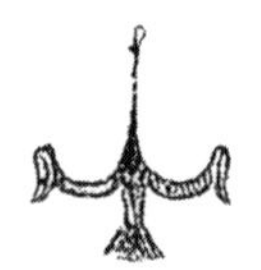

滴水瓦，从黏土到成品，包含各类砖瓦烧制技艺中的选泥、练泥、制坯、装窑、焙烧、挑水、出窑等步骤，尤其在练泥、制坯等方面，有特殊技艺，成为滴水瓦烧制的关键。现将其烧制工序分述如下。

1. 选泥

滴水瓦的选泥，因瓦的外观弧形，面薄易变形，需选择收缩力小、黏性强的青紫泥老泥（俗称“磉泥”）。

2. 练泥

将黏土加入适量水，用草荐盖严实，以待其内部杂质腐烂。3 个月后，开始练泥，取出黏土边翻铲边踩踏。滴水瓦的练泥踩踏次数，较普通砖多 3 次，需反复踩踏 7 次，使黏土更加细腻，干湿均匀软硬适中，黏结力强，更具韧性。

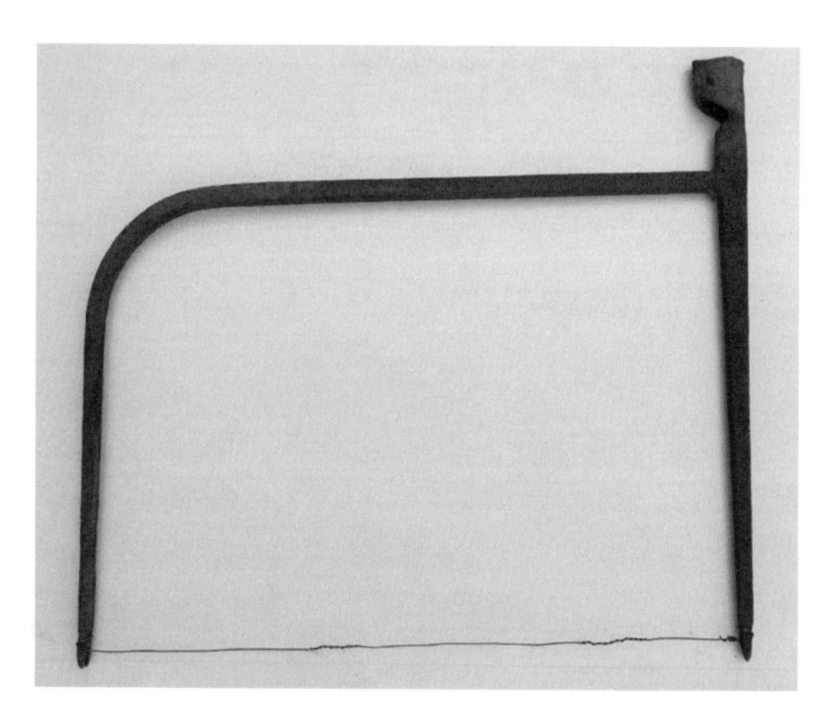

图 68　铁丝弓（金身强摄于 2022 年）。

3. 制坯

滴水瓦的制坯分为瓦身和当面两部分。

瓦身坯的制作和小瓦相同。工具有瓦筒、划刀、铁丝弓、瓦衣、木手等。制瓦身坯的模具称“瓦筒”。瓦筒由竹片串联而成，可以左右张合，上部小，下部大。瓦衣用纱布制作。先用铁丝弓“划”一块已练过的坯泥片，黏于可以自由张合的瓦筒上，泥片厚薄一致。用木手轻轻拍打按压，并蘸少许水，将外表刮平。然后脱置场地，待线纹稍干后，均匀地切割为四片瓦。

当面坯的制作，首先需根据当面纹饰开模具。模具一般用木材刻制，也有用砖模的。模具刻印师傅水平决定着当面纹饰的精美程度。往往大户人家会请技术高超的大师傅，刻制的当面模具纹饰精美，线条清晰挺直，印制的当面也非常精致漂亮。

在做好的瓦身大头部分，用刷子刷毛糙，放到当面模具中，然后用适量熟泥填到模具内，用手指压实，再用带水的刷子在瓦身与当面黏接处来回刷至密实无缝为止，并修正外形。为使瓦身和当面黏结牢固，窑工还特别在瓦身内和当面连接处加适量黏土，用指压实。然后把已黏合的滴水瓦轻轻地从模具中取出，放到坯场，盖上草荐，等阴干后待烧。

4. 装窑

装窑要以容纳坯最多、各坯受火面最大且均匀、所出次品最少、安全不倒塌为目标。烧制滴水瓦必须先在窑内装砖

图 69　瓦筒（金身强藏）。

图 70　滴水瓦砖质印模（董纪法旧藏、江春辉摄）。

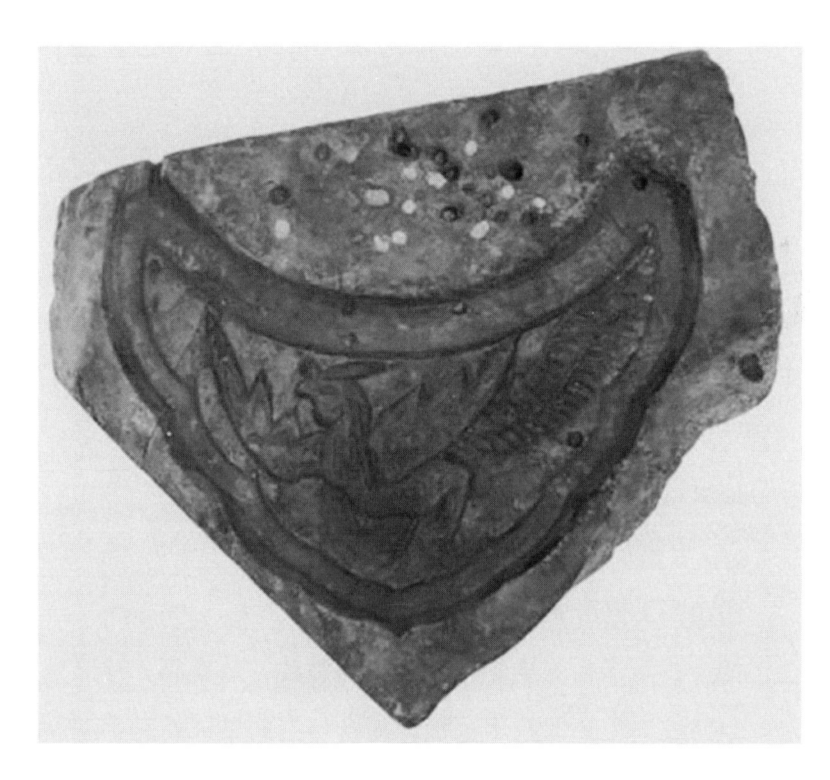

图 71　滴水瓦木质印模（董纪法旧藏、杭斌军摄）。

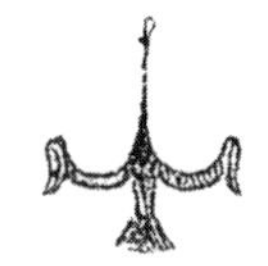

图 72　晒瓦坯（周向阳摄）。

坯作为底脚，然后把滴水瓦坯叠放在上面。

5. 焙烧

把已成形的滴水瓦坯放入窑墩，分别用小火调潮气，中火烧“进火”，大火烧“大冲”，烧 7~9 天，随后闭窑。

6. 挑水

将水挑到窑墩顶部再将水倒入墩内，这样连续浇 4 天水，由挑水工日夜进行，浇的水量要适中，少了则瓦易碎，多了则会导致瓦“水伤”。时间要适当，一旦窑内的水干了就必须马上加水。

7. 出窑

由出窑工把焙烧完成的滴水瓦搬出窑。

如今，滴水瓦的烧制技艺由机器替代，效率高，外形统一，当面纹饰精致但趋于呆板，瓦身与当面黏结处无手工黏制痕迹。而传统瓦当烧制技艺，已濒临失传的困境。瓦当烧制技艺，已被列入第四批嘉兴市非物质文化遗产名录，代表性传承人为沈君慧、董纪法。[1]

图 73　清代砖雕“大闹朱仙镇”（董纪法藏）。

1　沈江龙、周向阳:《能工巧匠的杰作——嘉善传统手工艺》，科学出版社、龙门书局，2018，第 46、47 页。

干窑砖雕制作技艺

砖雕，被称为“刀尖上的艺术”，源于东周时期瓦当、汉代画像砖等。[1]用印模压印或用凿子和木榧在水磨青砖上雕琢出各种图案，如花卉、人物、走兽、风景、文字等，技法多样，有线刻、浮雕、圆雕、透雕和堆塑等。

砖雕最早用于装饰墓室，后用于装饰住宅、寺庙、园林、宫殿等，出现在建筑门楼、门罩、八字影壁、梁架、斗拱等构件上。砖雕的出现，体现了人们对美好生活的向往，对艺术不懈的追求，成为我国工艺美术史上璀璨的明珠。

明清以后，随着工商业的发展，特别是江南地区财力雄厚的富家大贾大量出现，规模宏大的豪门府邸、私家园林遍布江南。在建筑上，用料考究，聘请能工巧匠，用于装饰建筑构件的砖雕技艺也飞速发展。

此时，干窑区域窑业发展进入繁荣期，制作的京

1 叶志明:《刀尖上的艺术》，苏州大学出版社，2016，第 14 页。

砖质量上乘，已符合砖雕用料的要求，而干窑工匠勤劳聪慧，引进苏式砖雕技艺后，随着周围魏塘、西塘、干窑等集镇扩建，砖雕需求量增大。顺应时代发展，砖雕产业链在干窑形成，并逐渐辐射到西塘、魏塘等周边区域。

（一）干窑砖雕窑前塑、窑后雕

干窑砖雕的制作技艺，分为窑前塑和窑后雕两种。

1. 窑前塑

窑前塑是指在砖坯上塑与雕，然后入窑烧制的技艺。以汉代“阴模压印”为代表。呈现出线条凸于平面，如浮雕状态。干窑砖雕窑前塑，指在砖坯上捏塑成人物、花卉等图案，再入窑烧制的技艺。

窑前塑生产便捷，但在烧制过程中，土坯受热会膨胀，有变形的情况，影响质量，且砖的颜色也难以掌握，画面大小、颜色无法统一。

图 74 窑前塑人物砖雕（董纪法藏）。

2. 窑后雕

窑后雕是指用工具在烧制完成的京砖上雕刻的技艺。窑后雕源于宋代，晚明时期趋于成熟，盛行于清代。所用京砖也比通常建筑用砖要求更高。做坯时比普通京砖淘练次数更多，烧制成的京砖材质更细腻，纯净度、黏合力也更强。

这样的砖适宜于各种雕刻手法，经能工巧匠精雕细刻后，玲珑剔透，人物毫发毕现，成为砖雕精品。

图 75 清代砖雕《和合二仙图》（董纪法藏、杭斌军摄）。

（二）干窑砖雕刻制工具

早期干窑砖雕的工具与木作工具并没有大的区分。随着砖雕技艺发展，砖雕师傅发现砖与木的性质不同，所呈现的画面效果也不一样，所以在刻制过程中，对木作雕刻工具进行了改进，形成了一套更加适合砖雕的工具，延续至今。砖雕主要工具有砖锯、斧、刨、凿、锤子、鬃刷等。

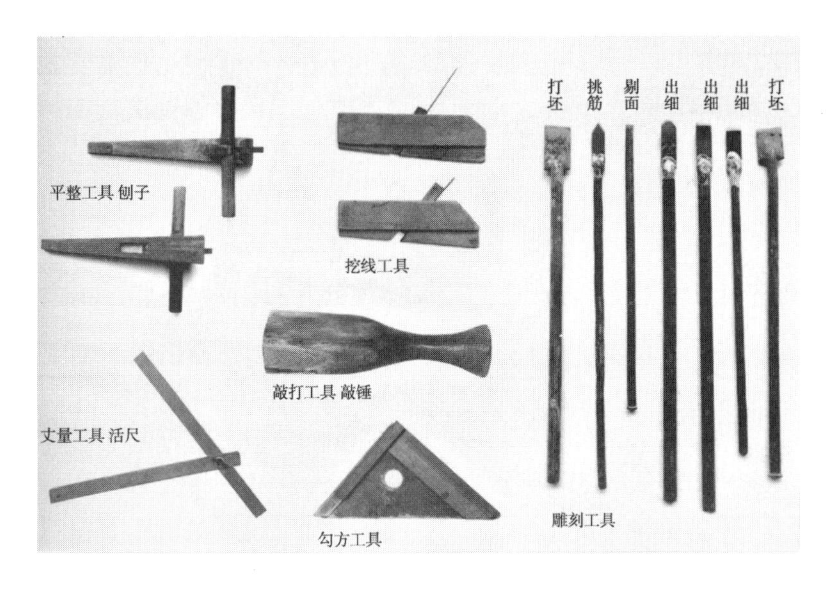

图 76　古代砖雕平整、丈量、磨钻、雕刻、敲打工具（摘自王建良总主编《百工录·苏式砖雕》，江苏美术出版社，2013）。

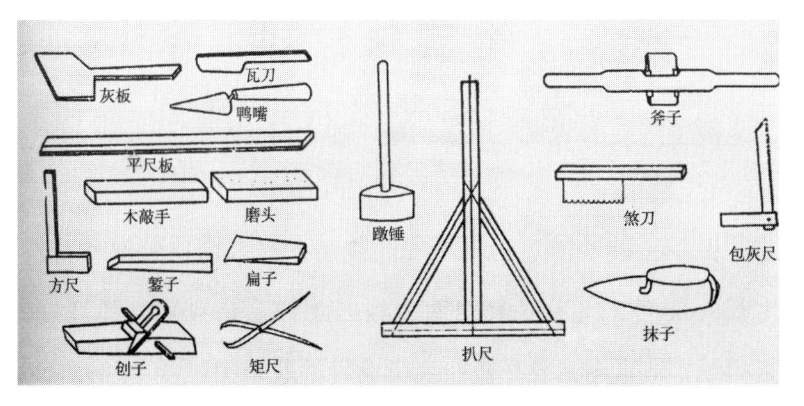

图 77　古代砖雕制作安装工具（摘自刘大可编著《中国古建筑瓦石营法》，中国建筑工业出版社，1993）。

1. 砖锯

砖锯以木为架，夹以锯条。锯条两端用旋钮固定并调整锯条角度。锯条类型，以锯齿大小及数量区分。小锯齿适合于表面平滑光洁砖材的切割或锯孔。大锯齿适合大块砖材的切割。

2. 砖斧

砖斧为金属头，木柄。与通常用于砍削的斧形式接近。用于砖雕的斧扁形，刀口为直线。用于砍裁砖块，兼作铲子或锤子用。

3. 砖刨

砖刨由刨身、刨刀片、楔木等部分组成。刨身木质，金属刀片。根据刨身长短、形状等可分为长刨、中刨、短刨、细刨等。根据工艺不同，分为花式刨、边刨，专门用于加工砖细线脚。

4. 砖凿

砖凿是凿砖的工具，统称刻刀，但与刻刀在功能上有所区别。以左手握凿，右手用工具敲击凿柄进行雕刻。砖凿可分为平口、圆口、三角起线、斜口、弧形等，用劲需要把握轻重及角度，最能体现砖雕师傅的技术。

5. 锤子

锤子用硬木制成，用于拍敲、加工砖。

6. 鬃刷

鬃刷是以动物毛为料制成的刷子。通常用猪颈部和背部生长、长度 5 厘米以上的毛为料。此种毛钢且韧，弹性好，耐潮湿，适宜刷去黏在砖雕周围的碎屑及粉尘。

（三）干窑砖雕制作工序

干窑砖雕制作工序是由黏土变为砖雕成品的过程，工艺复杂。因之前已对京砖等烧制技艺进行了较为详细的介绍，此处从略。关于砖雕制作工序，清雍正十二年（1734）颁布的工部《工程做法则例》中提到了不同砖构件的做法，但并无砖雕制作工序的记载。笔者通过查阅相关资料，并采访砖雕老艺人居剑如等，获得砖雕制作工序，并将砖雕制作过程归纳为以下主要工序。

修砖：先将砖表面磨光，四边打直，使砖表面规整，便于拼接和镶嵌。修砖分为 4 个步骤。

①选砖，根据建筑构件所需砖雕的尺寸、形制等挑选砖料。砖雕用砖以青黄泥精加工烧制。质地细腻，坚硬，色调

图 78　砖雕材料平整（摘自王建良总主编《百工录·苏式砖雕》，江苏美术出版社，2013）。

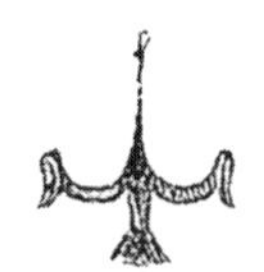

统一。无裂纹、划痕、扭曲等，叩之有金属之声。去除质地过硬和过脆的“老火砖”及质地过软的“生火砖”。②画线，用尺和墨斗在砖面画出所需砍磨加工的区域。③开砖，用砖锯、砖凿开砖。在画线范围内开出砖型。要考虑安装时预留的孔隙，将砖四面开成由外向内倾斜的斜度，称为“放砖缝”。④修砖，将砖四边切规整后，需用刨、磨等工序进一步细加工，使砖各面平滑光洁。修砖需将砖放入水中浸透，用磨石把砖面及四边刨平，再放入水中，用光滑石细磨，制成光可鉴人的“水磨砖”。磨时应将砖各个面同时磨光，并用角尺通角成90度为合格。

画稿也称“落稿”，即将设计稿复印到砖面上的工序，有以下几个步骤。①放样，按设计好的造型及建筑物高度、宽度分成各个部分，统计所需砖的数量，确定各砖尺寸，开出各种规格砖的清单。有些形状不规则的，先做出造型模

图79　刷白浆做图案用白底（摘自王建良总主编《百工录·苏式砖雕》，江苏美术出版社，2013）。

板。②手绘，将需雕刻的砖按要求拼好。在砖面刷一层石灰水，待干后发白，请画师在砖面用墨汁绘制出草图。③落稿，就是将图案印在砖面上的过程，即在画纸上用缝衣针顺着线条穿孔后平铺于砖面，用装着黑色画粉的“粉包”顺着

图 80 根据打样描刻图案（摘自王建良总主编《百工录·苏式砖雕》，江苏美术出版社，2013）。

图 81 白底贴大样（摘自王建良总主编《百工录·苏式砖雕》，江苏美术出版社，2013）。

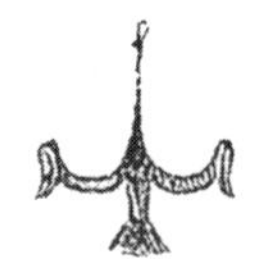

针孔轻轻拍压画稿，使之印于砖面。④粘裱，将画稿按比例放大，用裱画的方式直接粘在砖面上。

雕刻是按画稿图案在砖面进行雕刻的工程，分为描刻、打坯、粗雕、出细 4 道工序。①描刻，也称“刻样”，即根据画稿图案在砖上用刻刀描刻出图案轮廓。②打坯，打坯是砖雕工序中最重要的步骤，需要由大师傅操作。根据刀痕，以凿、铲为主，在砖面根据画面的需要打出远近高低不同的立体感，用大刀在砖面刻画出图案轮廓，并显现出景物的近景、中景及远景。要求造型准确，刀法干净利落。③粗雕就是掌控作品的全局性。首先，雕刻者须讲究“刀路”和“刀法”技巧，并理解图意和情节。规划每块砖雕在整幅画面中的位置，雕刻时既要从全局出发，又要具备驾驭平面转型为立体的雕刻能力。其次，传统题材的砖雕大多装饰于门楼等较高的位置，因此要兼顾仰视的视角特点。最后，还要考虑砖雕“阴阳向背”问题。阴就是背光面，阳就是对光面。④出细也称“细雕”。要求对砖雕进行细加工，精雕细刻，使画面由表及里、由粗及细，趋于完美。以局部刻画为重点，重在表达整体性，做到胸中有丘壑。细雕中的部分画面需由技艺高超的师傅操刀，使整幅画面达到自然逼真的效果，工艺上以刻刮为主。

磨光：属于完善细部的工序。一般用糙石、细石、砂纸等将细雕的画面表面磨光，同时去除打样时留在砖面上的轮廓线，并用刷子清除砖面上及凹凸缝隙间的砖屑，用软毛巾为其擦拭清洁。

修补：砖雕磨光后，会发现砖雕表面存在砂眼、破损、

图 82　初步刻凿（摘自王建良总主编《百工录·苏式砖雕》，江苏美术出版社，2013）。

图 83　刻样（摘自叶志明《刀尖上的艺术》，苏州大学出版社，2016）。

缺角等瑕疵，应及时修补。古代修补材料有猪血拌砖灰、砖灰拌油灰等。

修补完成后，须打磨清洁，待砖雕彻底干燥后，再用糯米汤浇没砖面，让干燥后的砖雕面充分吸收，干后砖雕表面

会形成一层保护膜。

最后把单块砖雕拼接成完整的画面，校对拼接处是否合缝。将单块砖雕进行编号，安装时便于对号入座，并根据安装需要进行搭缝及榫卯的制作。

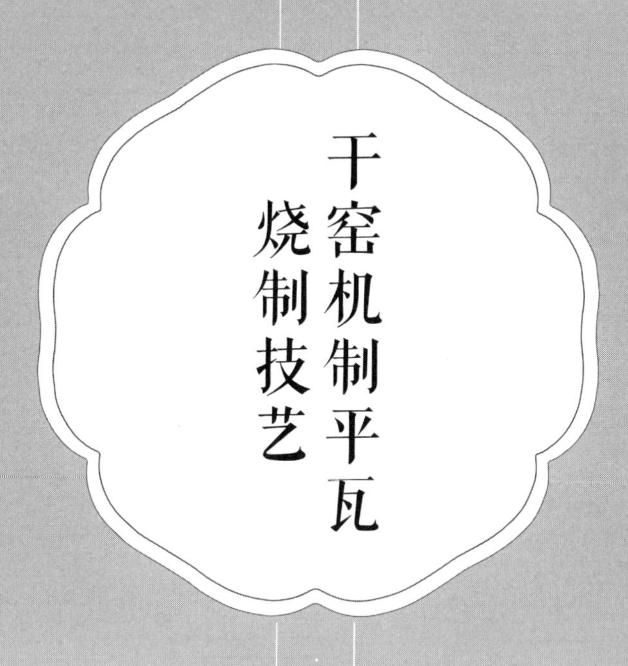

干窑机制平瓦烧制技艺

平瓦，即黏土平瓦，俗称“洋瓦”，片状，长方形，平面带沟槽，用于覆盖屋面。平瓦在国外已有数百年历史。

1840年鸦片战争，中国被迫打开国门。上海等地开埠，开始大规模建造西式建筑，平瓦也被引入我国。最初平瓦生产的核心技术掌握在外国人手里，外国公司垄断了市场。

清末时期的洋务运动兴办了一批近代民用工业。但平瓦的生产技术，仍掌握在外国人手中。辛亥革命前后，民族资本主义蓬勃发展。“抵制外货”、“发展实业”和“实业救国”等成为各阶层人民爱国的共同愿望。

这一时期，干窑砖瓦窑业伴随着沪杭苏宁等大城市的发展而进入鼎盛期，动力机器被运用到生产中，其标志性成果，即民国7年（1918）陶新机制平瓦厂引进国外技术，运用动力机器制作平瓦。而该厂生产的机制平瓦，打破了外国人垄断的局面，成为第一张由中国人自主生产的机制平瓦。

国产第一张机制平瓦诞生

干窑，位于沪杭铁路中部，是著名的窑乡。清末民初，上海等沿海城市开埠，建筑业兴旺，砖瓦等建筑材料需求量大幅增加。外国人研制的平瓦，成为现代建筑中的新产品，被广泛使用。然而，由于生产平瓦的核心技术掌握在洋人手中，平瓦市场被外国公司所垄断。

辛亥革命前后，国内兴起“实业救国”的浪潮，据1995年版《嘉善县志》记载：“民国7年（1918），干窑商人潘啸湖等人用机器仿制‘洋瓦’成功，筹集股本2万元，创建陶新机制平瓦厂，投产后获利颇丰。”

陶新机制平瓦厂，又名陶新砖瓦厂。制作平瓦的时间是民国7年（1918）。金天麟的《窑乡的文化记忆》中写道：“陶新砖瓦厂是嘉善第一家平瓦厂……也是国内第一张平瓦的诞生地。”[1] 上海开埠后，外国公司开始在我国生产机制平瓦，用于上海周边开放城市的建设，故国内第一张平瓦的诞生地应

1　金天麟：《窑乡的文化记忆》，上海文艺出版社，2009，第98页。

该是在外国人开办的某砖瓦生产基地，而不是在嘉善干窑。

关于中国工厂引进国外平瓦生产技术，从而自主生产平瓦的时间，笔者查阅了大量资料，也走访了很多民国早期的平瓦生产基地，得出以下结论：民国7年（1918）陶新机制平瓦厂是最早生产平瓦的。因此可以认为，陶新机制平瓦厂是国内较早生产机制平瓦的厂家，其生产的第一张平瓦可被认定是第一张国产机制平瓦。

陶新机制平瓦厂“仿制‘洋瓦’成功”，在中国工业非常落后且外国人对核心技术保密的背景下，是非常了不起的壮举。其过程，因年代久远，缺乏相关资料，我们已无从得知，但其艰难程度是可想而知的。陶新机制平瓦厂创办者、干窑商人潘啸湖的名字也因此被后人所铭记。

陶新机制平瓦厂旧址在干窑镇西南观音堂西，今三仙路南侧，南临凤桐港。

图84 陶新砖瓦厂旧址（金天麟摄于2005年）。

十年前，尚能见到遗存的几间厂房和用于运输平瓦的河埠。最为难得的是，陶新砖瓦厂最初生产的刻有“双马”标记的“陶新厂造”及“三民”牌机制平瓦被保存下来，以见证这段不平凡的历史。其中“三民”牌平瓦正面有“陶MISOAD新”“民民民”字样，另外还标注了平瓦的规格。这款平瓦产品的生产应该是为了宣传“民族、民权、民生”的三民主义。[1]

图85　陶新砖瓦厂生产的“双马”牌机制平瓦（金身强藏）。

1　郁建强:《我所收藏的嘉善产平瓦》,《嘉善文史》2017年第1期。

图 86 “双马”牌商标。

图 87 陶新机制平瓦厂生产的“三民”牌平瓦（郁建强藏）。

干窑机制平瓦厂相继创办

陶新机制平瓦厂的成功创办，影响了干窑窑业的发展方向。干窑其他机制平瓦厂相继开办，其中最为著名的是由干窑乡绅戴耀等发起创办的泰山砖瓦股份有限公司，干窑窑业也进入鼎盛期。新中国成立后，浙江省砖瓦一厂落户干窑，成为浙江最大的平瓦生产基地，为新中国的建设作出重大贡献。

（一）泰山砖瓦股份有限公司

创办于民国 10 年（1921），创办者戴耀。厂部设于干窑镇北市澜翠桥西北角小浜，今干窑镇南宙村小浜。公司办公地点在黎明村三板桥东堍，今部分建筑尚在。

民国 9 年（1920），戴耀看到陶新机制平瓦厂仿制平瓦成功，推动民族工业的发展，于是呼吁联络乡绅柳左卿等有识之士，与上海的黄首民等，集资一万元筹建泰山砖瓦股份有限公司，生产机制平瓦。经全体股东会议决定公司名为“泰山砖瓦股份有限公司”，总部设于上海。董事长由银行家钱新

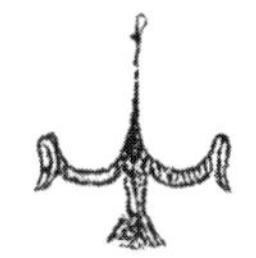

图 88　干窑镇南宙村小浜泰山砖瓦股份有限公司旧址（金身强摄于 2018 年）。

图 89　干窑镇黎明村三板桥东埯泰山砖瓦股份有限公司旧址（金身强摄于 2018 年）。

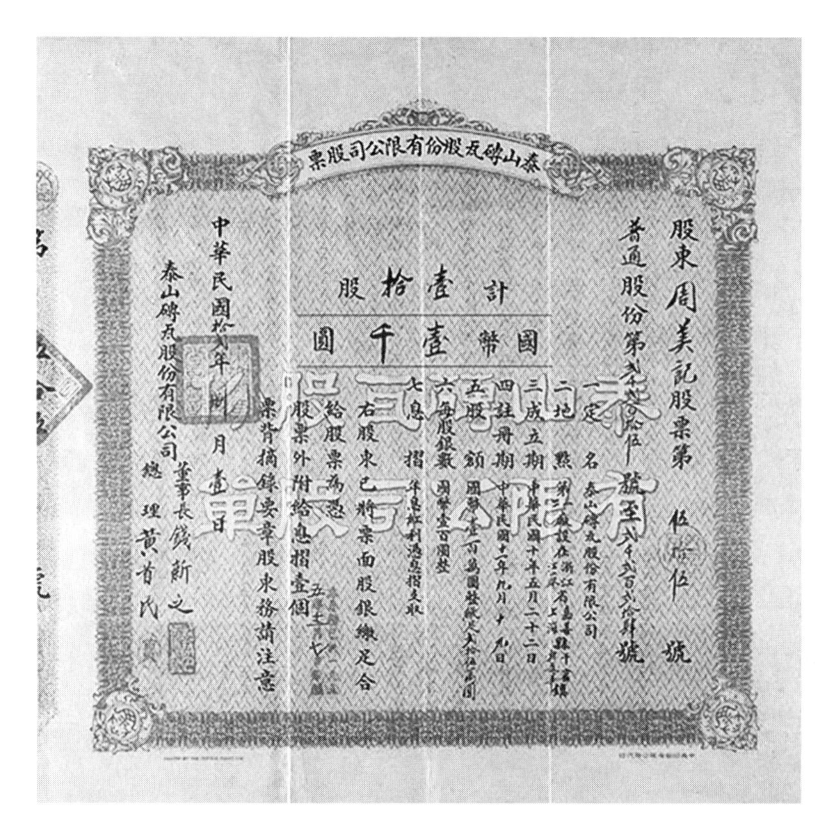
泰山磚瓦股份有限公司股票

股東周美記股票第 伍拾伍 號

普通股份第 號至 號

計壹拾股

國幣壹千圓

一 定 名 泰山磚瓦股份有限公司

二 地 點

三 成立期 中華民國十年五月二十二日

四 註冊期

五 股 額

六 每股銀數 國幣壹百圓整

七 息 摺

右股東已將票面股銀繳足合給股票爲憑股票外附給息摺壹個票背摘錄要章股東務請注意

中華民國拾 年 月 日

泰山磚瓦股份有限公司 董事長 錢新之 總理 黄首民

图 90 1923 年泰山砖瓦股份有限公司股票（摘自《中国嘉德 2003 年秋拍图录》）。

之担任，实业巨子黄首民任总经理，戴耀任营业部主任，主持干窑厂务。据《20 世纪初期民族工业遗址》记载，民国 11 年（1922），泰山砖瓦股份有限公司派总工程师柳子贤（公司创始人之一柳佐卿之子）赴美，购得进口压瓦机等整套机制砖瓦设备和窑炉图纸等技术资料，大幅提升了原有传统烧制技术。

据戴耀之子戴季高《创建泰山砖瓦公司始末》[1] 记载：

1 戴季高：《创建泰山砖瓦公司始末》，《嘉善文史资料》1988 第 4 辑。

厂部设于干窑镇北市澜翠桥西北角小浜，占地约26亩，厂房计有73间瓦房，另有车间、泥亭、工人宿舍和食堂等。生产设备有手工机械压瓦机1台，附有十二英寸、十六英寸脊瓦机模具各1副，另有窑墩6座（自有3座、租赁3座），运输船6条（每条为40吨）。营业所办公室设在三板桥东堍。窑工按传统惯例，实行终身顶班制。每只窑墩配有窑工20余人，全厂有男女工人90余人。日产平瓦坯7000张，年产平瓦约180万张。

泰山砖瓦股份有限公司所产平瓦行销上海、南京、杭州等大城市，上海著名的国际饭店、华侨饭店、哈同花园房宇均采用泰山平瓦。公司善于经营，注重品质，产品风行于京沪杭一带。民国11年（1922），公司又在上海新龙华黄浦江沿岸长桥地区另建新厂，请戴耀负责筹建工作，取名为泰山二厂，即上海泰山陶瓷公司前身。生产平瓦就近专供上海用户，数年中泰山砖瓦公司盈利几万元。干窑地区众多业户相继仿效办厂，泰山、生泰、华新等机制瓦厂相继开办。干窑遂成为嘉善近代工业的奠基地。

1921年7月20日《申报》报道:“上海所需砖瓦，多向嘉善订购，为数甚钜……经客商报装砖瓦前往吴淞者，络绎不绝，每日平均计有三十余辆之多，年值六百万元。”

关于诞生于百年前的泰山砖瓦股份有限公司的平瓦产品，现今已极少，而笔者有幸收藏到“泰山公司”早期的平瓦产品。该瓦灰陶质，长 30.5 厘米，宽 22.5 厘米，重 2.1 千克；敲之有金属之声。平面带沟槽，背面分别有“泰山”“制瓦厂”“出品”等字样，以及“TAISHAN”字母。上面没有泰山公司商标。据考证，泰山砖瓦厂民国 9 年（1920）下半年正式投产。当时“泰山”商标正处于呈报阶段，初期试销的首批平瓦产品上只标企业名称而没有出现注册商标。由此可推测，这批未标注商标的“泰山”平瓦生产日期是 1920 年下半年至 1921 年，而此后生产的平瓦既有厂名又有“泰山”商标。“泰山公司”早期从事平瓦生产，在未对烧制设备（窑墩）作大幅改进的情况下，为确保首批平瓦质量，减少损耗，公司沿袭普通小瓦烧制方法，故首批平瓦模具要比后来的小得多。

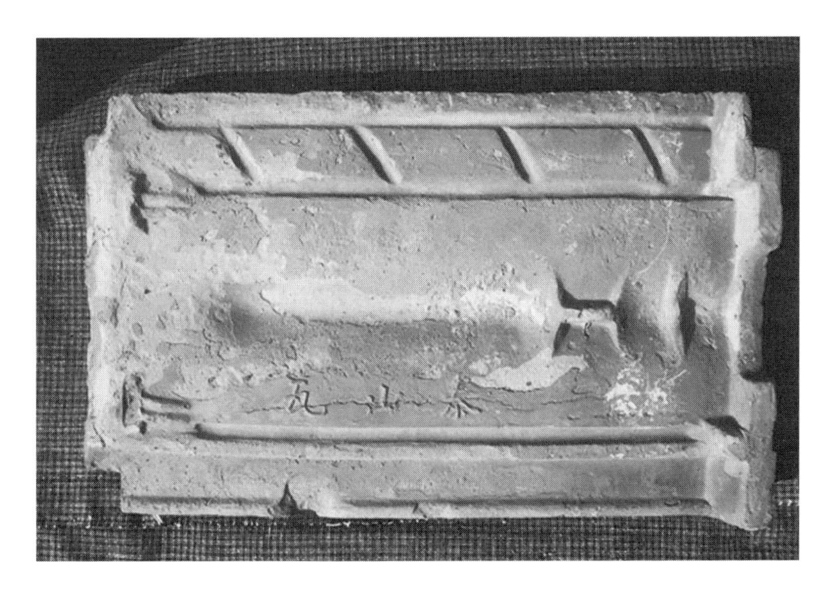

图 91　泰山砖瓦股份有限公司生产的平瓦（郁建强藏）。

图 92　泰山砖瓦股份有限公司早期生产的平瓦（金身强藏）。

（二）华新机制瓦厂

创办于民国初期，生产机制平瓦。据《嘉善县志》记载，其平瓦质量“可与洋货相伯仲”。上海奉贤设有分厂。

（三）兴业砖瓦股份有限公司

创办于民国 37 年（1948）6 月，由县窑业公会理事长许甸原等人发起成立，规模宏大，共分四个分厂：一厂设在天凝官溇、二厂设在洪溪、三厂设在下甸庙、四厂设在干窑，总公司设在县城东门大街 384 号。上海办事处设在中正路（今延安东路）39 号。以生产机制平瓦为主，兼产青砖、小瓦等。

图 93　民国时期华新机制瓦厂生产的平瓦（郁建强藏）。

图 94　华新机制瓦厂生产的平瓦（郁建强藏）。

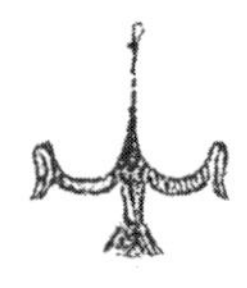

图 95　兴业砖瓦股份有限公司生产的“兴业”平瓦（郁建强藏）。

（四）浙江省砖瓦一厂

创办于 1950 年 4 月，厂址在干窑镇小窑街 1 号。

新中国成立初期，百废待兴，基础设施建设需要大量建筑材料，为此浙江省政府将目光投向历史上窑业发达的嘉善县干窑镇。1950 年 4 月浙江省建筑公司租赁干窑镇黎明村窑墩开办浙江省建筑公司砖瓦厂，与浙江省工业厅手工业改进所嘉善办事处创办的干窑实验工场共同组建。1952 年 3 月，经浙江省人民政府批准，浙赣砖瓦厂、公营新民砖瓦厂、地方国营杭州砖瓦厂、县大队独立营砖瓦厂等 6 家公营砖瓦厂相继并入，更名为“浙江省砖瓦一厂”，直属浙江省工业厅领导，成为全省最大的砖瓦生产企业。1954 年浙江省砖瓦一厂员工多达 2025 人，管理人员 400 余名。

浙江省砖瓦一厂生产的砖瓦也成为新中国初期建设的重要物资之一，平瓦远销北京、齐齐哈尔、西安、宝鸡、福州、南宁及沪杭宁地区。

图 96　浙江省砖瓦一厂生产的平瓦（刘英姿藏）。

图 97　公营新民砖瓦厂生产的 85 砖（金身强摄）。

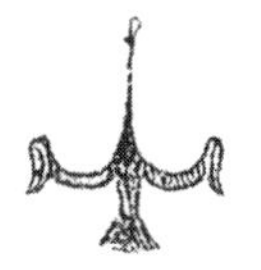

图 98　嘉善砖瓦厂隧道窑坯房。

图 99　浙江省砖瓦一厂生产车间女工（嘉善县档案馆提供）。

浙江省砖瓦一厂除生产平瓦外，还烧制青砖和小瓦。青砖大部分为国家机关企事业单位和国防建设所用，供应沪、杭、苏、锡、舟等地区，其中供应上海的量最大，约占产量的70%；小瓦供应邻近沪、浙、苏农村。国内一些著名的建筑如杭州灵隐寺、六和塔、浙江宾馆（704工程）、知味馆、楼外楼、苏州无锡园林、镇江金山寺、松江方塔、山东孔庙重修等都曾采用浙江省砖瓦一厂生产的砖瓦。[1]

1958年，国内兴起技术革新浪潮。据《嘉兴专区技术革新事迹汇编》记载，浙江省砖瓦一厂有3项技术革新被收入书中。一是机房工人集体改装手摇机床，将手摇钻改为机动钻后，工作效率提高两倍。二是该厂技术科科长李家齐成功自制光滚筒专用工具。原来轧泥滚筒半个月需运往外地机器厂“光平面一次”，支付加工费34元，自从使用自制光滚筒专用工具后，能随时光转，调换及时，不需要运往外地机器厂加工，每年能节约修理费544元。三是该厂党支部书记陆德辉同志建议由人力搬运扛土坯改为以独轮车代替，降低了劳动强度，每月可节约劳动力39工，扛坯绳3副，全年为国家节约人民币724.72元。[2]

1961年10月，浙江省砖瓦一厂更名为“浙江嘉善砖瓦厂”，继续生产机制平瓦，伴随着工艺不断改进，其成为同行中的佼佼者，为我国现代化建设添砖加瓦。

---

1 嘉善县经济和信息化局、嘉善县档案馆编《嘉善县工业图鉴》，吴越电子音像出版，2022，第44页。

2 《嘉兴专区技术革新事迹汇编》，1958，第60、61页。

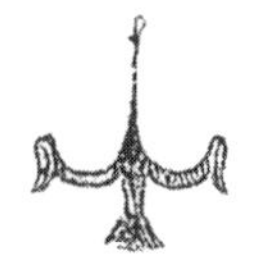

图100　机房工人集体改装手摇机床。

图101　浙江省砖瓦一厂技术科科长李家齐自制光滚筒专用工具成功。

图 102　浙江省砖瓦一厂党支部书记陆德辉同志建议由人力搬运扛土坯改为以独轮车代替。

干窑机制平瓦烧制技艺

机制平瓦呈长方形，属于平面带沟槽的片状瓦，是传统坡形屋面的防水建筑材料。以黏土为原料，经成型、干燥、焙烧而成。平瓦成型有湿压法、半干压法和挤出法三种，以湿压法最为普遍，可烧成红、青两色。按中国标准规定，平瓦的尺寸为400毫米 ×240毫米及360毫米 ×220毫米。覆

图103　20世纪60年代浙江嘉善砖瓦厂大门（金身强提供）。

盖1平方米屋面的瓦，其吸水后的重量不得超过55公斤；在 −15℃以下经冻融15次循环后，应无分层、开裂、脱边、掉角等现象。

民国初期，干窑陶新机制平瓦厂及后来的泰山砖瓦股份有限公司引进国外先进设备和技术，逐步改变传统瓦手工练泥、木棒压制、自然干燥、土窑焙烧、加水氧化生产青色瓦的工艺，采用简易的机械传动压制成型，自然干燥，轮窑焙烧，生产红色、青色平瓦，使产品的产量和质量有了大幅提高。

但普通的压瓦机成型，含水率较高，必须把坯体平放在瓦托板上，在晾瓦棚内阴干20天左右，才能入窑烧制，对原材料要求高，设备投资大，生产周期长，瓦破损率高、产量低，劳动条件也比较差。据曾任浙江省砖瓦一厂制瓦车间主任的91岁高龄的戴琪介绍，1975年开始浙江省砖瓦一厂使用

图104　装窑，上面平瓦下面砖（金天麟摄）。

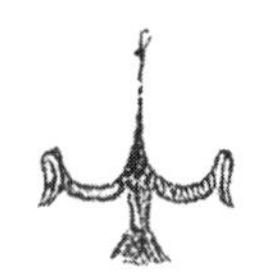

发电机，使得制品从手工改为电动机器作业，隧道窑也被投入使用。进入20世纪80年代，干窑平瓦生产企业采用半干压瓦成型工艺，大大降低入窑含水率，产品成型后有一定强度，可直接入窑烧制，减少了工艺环节和劳动力，缩短了焙烧时间，提高了产量，降低了成本，节约了能源。

关于平瓦烧制，随着时代发展，设备更新，工艺改进，各时期烧制工序各有不同。下文介绍的是新中国成立前干窑机制平瓦的烧制工序，既保留了民国初期引进国外技术时的状态，又体现了技术革新后的创新。

1. 练泥

选用黏度强且细腻的黏土，加水后用牛踏，加之人工搅拌，使之均匀无夹生土现象。泥水合成后，含水量以人踏上后半陷脚为佳。不陷脚则水分少，压瓦难成形，陷脚过深则水多泥稀，瓦易变形。

2. 切坯

坯泥和成后放置8小时，使泥和水进一步融合，然后切割成长33厘米、宽15厘米、厚20厘米的泥块，放入压瓦机压制前再用泥弓割成5厘米厚的坯片。

3. 压制

压瓦机俗称“轧瓦车”，由人力操作，一根带螺纹的螺旋主立轴上端安一大轮盘，供人旋转操作。立轴下端连接瓦模的上片，瓦模下片连在能横向滑动的轨道上。当立轴上旋，带瓦模上片升起时，下片可横向拉出，放上泥片并推回。立轴下旋，便把泥片压制成瓦。每台压瓦机由6人操作，每10

秒出一次坯。如此反复操作，不断压成平瓦坯。瓦模用石膏铸于铁外壳上，既牢固又光滑不粘泥。

4. 晒瓦

平瓦坯压成后，取下托放在大托板上，连同托板放于阳光下暴晒。待半干后取下托板，将每两片平瓦搭成人字形，继续暴晒直至干透。

5. 烧制

平瓦坯晒干后装窑。窑下部有火坑和火道，上部分层立装 1400~3000 片瓦，窑上部封顶，一侧留烟囱。连续烧制至 13 个小时。从观察孔看瓦，全部通红透亮，仿佛有红色液体流动。再放置 10 个小时慢慢冷却。

6. 出窑

待瓦冷却后，便开窑出瓦。观看其表面如果瓦红而发暗，说明火候差，发红者适中，红而发白者最坚硬。敲打时声音脆者无裂纹，嘶哑者有裂纹。如果是边缘有小裂纹，不影响使用。

图书在版编目(CIP)数据

干窑砖瓦烧制技艺 / 金身强著. -- 北京 : 社会科学文献出版社, 2023.3
（窑火凝珍 / 刘耿, 董晓晔主编 ; 3）
ISBN 978-7-5228-1481-0

Ⅰ. ①干… Ⅱ. ①金… Ⅲ. ①砖-烧成工艺-中国②瓦-烧成工艺-中国 Ⅳ. ①TU522

中国国家版本馆CIP数据核字（2023）第033014号

窑火凝珍
干窑砖瓦烧制技艺

主　　编 / 刘　耿　董晓晔
著　　者 / 金身强

出 版 人 / 王利民
组稿编辑 / 邓泳红
责任编辑 / 王京美　吴　敏

出　　版 / 社会科学文献出版社
地址：北京市北三环中路甲29号院华龙大厦　邮编：100029
网址：www.ssap.com.cn
发　　行 / 社会科学文献出版社（010）59367028
印　　装 / 三河市东方印刷有限公司

规　　格 / 开　本：787mm×1092mm 1/16
印　张：9.25　字　数：100千字
版　　次 / 2023年3月第1版　2023年3月第1次印刷
书　　号 / ISBN 978-7-5228-1481-0
定　　价 / 268.00元（全七册）

读者服务电话：4008918866